国家自然科学基金资助

现代工程造价估算方法

——基于智能融合的全生命周期造价估算方法

景晨光　彭永忠　编著

U0352489

中国铁道出版社

2013年·北京

图书在版编目(CIP)数据

现代工程造价估算方法：基于智能融合的全生命周期造价估算方法/景晨光，彭永忠编著．—北京：
中国铁道出版社，2013.3（2013.9 重印）
ISBN 978-7-113-16200-9

Ⅰ.①现⋯　Ⅱ.①景⋯　②彭⋯　Ⅲ.①建筑工程－工程造价－计算方法　Ⅳ.①TU723

中国版本图书馆 CIP 数据核字(2013)第 046831 号

书　　名：现代工程造价估算方法
作　　者：景晨光　　彭永忠

策划编辑：江新锡　陈小刚
责任编辑：陈小刚　　电话：010-51873193　　电子邮箱：cxgsuccess@163.com
封面设计：郑春鹏
责任校对：龚长江
责任印制：郭向伟

出版发行：中国铁道出版社(100054，北京市西城区右安门西街 8 号)
网　　址：http://www.tdpress.com
印　　刷：中国铁道出版社印刷厂
版　　次：2013 年 3 月第 1 版　　2013 年 9 月第 2 次印刷
开　　本：850 mm×1 168 mm　1/32　印张：4.75　字数：120 千
书　　号：ISBN 978-7-113-16200-9
定　　价：25.00 元

作者简介

景晨光 中铁第四勘察设计院集团有限公司,工程经济设计处,工程师;吉他手;硕士研究生,研究方向:工程经济与造价管理、非线性复杂系统的分析与建模、人工智能算法与数据挖掘技术,以及现代吉他演奏技术。

彭永忠 中铁第四勘察设计院集团有限公司,工程经济设计处总工程师,教授级高级工程师;英国皇家工料测量师;中国工程咨询协会专家;武汉大学、中南大学导师,主要研究领域:工程经济。

序

21世纪智能科学飞速发展,智能电力、智能农业、智能医疗、智能交通、智能教育等各行各业的智能化大势所趋,工程造价作为工程建设中的重要领域其实施智能化的作用举足轻重,意义深远。

我国目前采用的工程造价管理模式是以定额为计价基础的全过程工程造价管理模式,由前苏联传统定额管理模式发展而来的,比较适应于高度计划经济体制。目前已不能完全适应市场经济和进一步开放市场的需要,要和国际通行惯例接轨有相当大的差距。这种模式表现出明显的不足,即:(1)工程造价管理的重点是实施阶段,而没有把决策、设计阶段的造价管理放在突出的位置。(2)强调建设期建设成本,而对未来的运营和维护成本不予考虑或考虑很少,不能对全生命周期的工程造价进行有效控制与管理。(3)我国目前施行的是静态的工程造价管理方式,无法与工程造价要素市场价格同步,从而不能反映工程的真实价格,且与国外动态工程造价的管理不接轨。

近年来,我国的工程造价管理模式正逐渐从以定额计价为基础的全过程工程造价管理模式向全生命周期造价管理模式过渡。全生命周期造价管理模式实行后使得整个系统更复杂,需要处理的信息激增,在海量的数据中,有些数据对以后的项目有较高的参考价值,有些则是参考价值小的数据,剩下的则是冗余的噪声数据。而要从这些海量的数据中筛选出有用的数据则是一件艰难的事情,而且很多数据具有实效性、动态性、随机性。随着时间的推移,数据技术的迅速发展以及数据管理的广泛应用,人们积累的数据越来越多,激增的数据背后隐藏着许多重要的信息,人们希望能够对其进行更高层次的分析,以便更好地利用这些数据。针对以上现状在工程造价数据信息中急需要进行有效的数据挖掘,使信息成为知识,再把知识付诸于应用,这使一些传统的数据处理方法感到无能为力,为此就要在工程造价领域寻找新的数据处理的工具。

信息化是智能化的过渡阶段,智能化的迫切需求和发展趋势既是历史的选择也是科技进步的需要,面对各行业智能化发展的大趋势,如何构建工程造价领域的智能化体系成为当前棘手的问题。工程造价的变化是非线性的、随机的、开放的、非平衡态的、突变性的,这样工程造价的预测就会更加复杂。因此,寻找一种既能满足投资估算、设计概算等阶段的精度要求,又能节省时间和工作量,提高工作效率的计算方法其重要性是显而易见。面对当前国内几乎没有可参考的系统的智能造价理论和方法资料,作者站在全生命周期造价的角度,从国内外研究现状出发,在显著性造价基础上,融合多种当前的智能算法,系统地探索智能造价的各种底层数学智能估算模型,并对其进行精度检验,得出了其目前可使用的深度和范围以及不足和限制等结论,初步给出了智能造价的框架理论和技术方法,为工程造价智能化发展打下基础。本书思路清晰、简洁,科学态度严谨、逻辑思维缜密、信息量大,实为国内研究工程造价智能化较为系统的成果。

作者预见并弥补了这一方面的需求是非常有益与及时的,它将为高校、科研机构等研究人员,建设部门、设计单位、施工单位等领域高级工程师,相关人工智能领域的工作人员以及企业高级决策者等提供一本有价值的参考资料。我曾遍访欧、美、澳等地十余国,深感发展经济、发展科学事业是强国之本,"快马加鞭未下鞍,刺破青天锷未残",更喜后继有人,后来居上,不断有专著问世,勇攀科学的高峰。故欣然作序。

徐　川
2012 年 12 月 26 日

前　　言

现行工程造价投资估算、决策、控制理论方法的线性、确定性、简单性、滞后性的缺陷,导致投资目标确定误差大(预测不准)和控制可靠性极不稳定(三超问题),引发了现实中一系列的质量、工期、超支等问题,运用智能融合技术、复杂系统动力学和全面造价集成理论等方法寻求有效的造价估算和控制,是解决问题的一个出路。

本书在全生命周期造价(WLC)和显著性理论(CS)的基础上,深入探讨和寻找在不同情况下复杂系统的高精度估算和控制模型,以期提高造价估算和控制的水平,从根本上解决由于造价估算与控制方法的不当所引发的各种不良后果。课题以实际大量已完工程的工程量清单为研究对象,以高速公路造价计算为例,深入分析、研究了公路工程的特点,由粗糙集从客观上提取工程特征,并确定同类工程;在传统的粗糙集基础上给出抗噪声能力强的变精度粗糙集模型(VPRS),进一步深入挖掘类似工程。结合神经网络与粗糙集机器学习估算,通过实例进行分析,证明粗糙集-神经网和粗糙集机器学习估算方法是有效可行的。将智能计算领域中的两种基本方法——人工神经网络和遗传算法相结合,建立智能融合计算的遗传神经网络造价估算模型,通过仿真试验验证了其稳定性和有效性,在深入研究神经网络的基础之上,建立径向基(RBF)神经网络结构模型,针对其结构特点,应用粒子群(PSO)智能优化算法对其进行优化,完成了基于智能融合计算的造价估算,通过仿真表明了该方法在全生命显著性造价(WLCS)估算方法中的可行性。将混沌动力系统与神经网络进行结合,融合两种智能算法的优点,在已获价值 EVM 的基础上,利用混沌神经网络对显著性项目的 ACWP(已完工程量实际造价)、BCWP(已完工程量预算造价)进行动态估算,以便在发生偏差之前进行准确度高的估算,分析原因,并给出控制措施。仿真实验表明,该方法是有效、可行的。

本课题的研究,来源于国家自然科学基金项目(70373032)《基于非线性复杂系统理论的政府投资项目全面投资控制方法研究》、国家留学人员科技活动择优资助计划重点项目([2007]20 号)、省高校百人优秀创新人才基金(教科[2007]9 号)《非线性全生命周期显著性投资 WLCS 确定和控制理论和方法研究》等基金的资助。

由于我们水平有限,书中的错误或疏漏在所难免,希望广大读者不吝赐教和指正! 我们的意见邮箱是 13044964@sohu.com。

编著者
2012 年 12 月

目　　录

第1章 绪 论

1.1 研究背景及研究意义

1.1.1 研究背景

2008 年,中国中央政府为应对次贷引发的金融危机的蔓延,继续采用了投资扩大内需政策,启动了 4 万亿元主要集中在铁路、公路、电力等大型基础设施建设(约 1.5 万亿元)的两年投资计划,同时引发了地方政府高达 20 万亿元的投资计划。2008 年至 2010 年计划启动的大项目有 1 000 多个,总投资达到 8 000 亿元。如此巨大的投资,其投资决策、管理、建设、运营维护的重要意义可想而知。然而,在投资急剧增长的同时,投资项目管理水平和效率却出现严重不相匹配、滞后的现象。

"三边、两变、三超"现象严重:"三边"(边设计、边施工、边预算)更加严重,三边必然引发"两变"(Ⅰ、Ⅱ类变更设计),"两变"导致"超支"。据统计,20 世纪 90 年代铁路工程 90％工程超概,超支幅度达 40％以上。"跑冒滴漏"资金浪费和"挪占挤贪"现象严重。据国家审计署 2006、2007、2008 年度《审计公报》显示:三峡水利枢纽工程"因管理不够严格增加建设成本 4.88 亿元";354 个水利建设项目中"有 109 个未按计划建成","35.85 亿元资金被滞留,12.64 亿元被挤占挪用和损失浪费"。"新的豆腐渣(未达到设计质量标准,如新建项目不如老项目)、新马拉松、烂尾工程(项目建成后维修不断)"仍未杜绝。

造成这些现象的原因很多,究其主要原因:(1)造价管理理念仍为全过程造价管理思想,全生命周期造价理念还停留在理论探讨上。(2)现行投资估算、决策、控制理论方法的线性、确定性、简

单性、滞后性等缺陷,导致投资目标确定误差大和控制可靠性极不
稳定。因此,从全过程造价思想转变为全生命周期造价思想和寻
找复杂系统的高精度估算及控制模型是十分必要的,也是本书要
重点研究的两项内容。

1.1.2 研究意义

我国目前采用的工程造价管理体系是以定额为计价基础的全
过程造价管理模式,注重前期的建设成本,较少考虑建筑物的后期
运营维护成本,但是英国皇家工程研究院的一份报告指出,以现存
30 年的办公建筑为例,施工成本、维护成本、运行成本之间的比例
关系是 1∶5∶200,这足以说明运行维护阶段的成本远远大于施
工阶段的成本。由此暴露出传统造价模式的弊端,尤其是在项目
的可行性分析阶段、决策阶段,项目的期初方案评价与选择阶段不
足之处更为突出。采用全生命周期造价管理,从工程项目全生命
周期出发去考虑造价和成本问题,不仅包括以前的决策阶段、设计
阶段、实施阶段、竣工验收阶段并且增加了运营维护阶段和报废阶
段的研究,从全生命周期成本最低的角度进行工程设计和投资
优化,它考虑的时间范围更长,也更合理。指导人们自觉地、全
面地从工程项目全生命周期出发,综合考虑项目的建造成本与
运营和维护成本,从多个可行性方案中,按照生命周期成本最小
化的原则,选择最佳的投资方案,从而实现更为科学合理的投资
估算。

此外,工程造价估算与控制是一个非线性复杂系统,全生命周
期造价管理模式实行后使得整个系统更为复杂,寻找性能更优的
估算与控制算法成为目前急需解决的一项重要问题。本书拟采用
智能融合计算,把不同的智能计算方法与技术有机地融合为一
体,取长补短,改善当前造价估算与控制方法的不科学、精度低、
确定性、简单性、滞后性、计算量大、可靠性差等缺点。以期从根
本上解决由于造价估算与控制方法的不当所引发的各种不良
后果。

1.2 研究的主要内容

全生命周期造价的思想转变和建立性能更优的造价估算及控制模型是本书研究的重点,本书着眼点于项目建设前期的造价估算和建设期的造价控制。舍弃了国内长期以来一直把建设项目投资控制的重点放在施工阶段的事后控制理念,强调运用 WLC 理论进行建设项目可研阶段的投资估算,以寻求 WLC 最低为目标进行投资方案的优选,从而达到建设项目投资的最优化。以全生命周期造价理论和显著性理论为基础,深入研究各种智能计算方法的特点,将智能计算领域中不同的智能优势进行融合与互补。本书主要进行了以下几个方面的工作。

1.2.1 投资估算方法研究

可行性研究阶段和设计阶段是确定项目投资目标和投资设计方案的关键阶段,这一阶段投资估算的准确性对整个建设项目投资经济和社会效益起着至关重要的作用。此阶段也是投资确定信息最不确定、最不充分和最模糊的阶段,寻找有效的适合处理大量的、杂乱无章的、非线性的、强干扰数据(海量数据)的智能融合模型是本课题研究的焦点。主要进行以下内容研究:(1)利用粗糙集对所要研究的数据进行分析,提取出有效的工程特征,并结合显著性理论挖掘同类工程。使用粗糙集对工程数据进行属性的约简,实现降噪处理,有效地去除冗余属性以减少建模计算量。最后,提取出有效的数据,并结合 CS 理论简化投资估算方法和优化估算程序的原理,计算类似工程的显著性项目成本以及显著性因子。(2)同时尝试通过粗糙集-神经网络和粗糙集机器学习对拟建工程的全生命周期造价进行估算,通过仿真实验验证其有效性。(3)基于对传统粗糙集的不足,采用变精度粗糙集(VPRS)进一步深入挖掘潜在的同类工程。(4)在有足够的工程投资数据条件下,运用混合神经网络技术,选择足够数量的类似工程作为训练样本,在此给出两种不同的神经网络改进模型,经过遗传算法改善后的 BP

神经网络和基于群智能的粒子群(PSO)优化的 RBF 神经网络,以期改善以往算法的不足。其模拟人脑思维和融合当前智能算法的优势等优点能够有效处理工程造价影响因素之间的非线性映射关系,利用大量历史工程造价数据对其进行训练,从而估算出拟建工程的显著性造价(CSIs, Cost-Significance Items)和显著性因子(CSF)。

1.2.2　投资控制方法研究

由于造价系统是一个典型的大规模复杂非线性系统,在一定条件下其必然会发生分岔、混沌现象,分岔、混沌将影响造价系统的稳定运行,所以运用混沌动力系统与神经网络进行结合,融合两者的优点,在 EVM 的基础上,对显著性项目的 ACWP、BCWP 进行动态预测,实时进行造价的控制分析。

当工程数据不足且呈灰色状态时,采用 GM(1, N)模型在 EVM 的基础上,对显著性项目的 ACWP、BCWP 进行动态预测,实时进行造价的控制分析。

1.3　拟解决的关键问题

针对建设项目全生命周期造价预测和控制的复杂性,本书综合运用了造价预测和控制的集成理论和方法,对各种方法和理论取长补短,优化组合。主要有全生命周期造价(WLC)、显著性理论(CS)、遗传神经网络(GA-BPNN)、粗糙集理论(RS)、粗糙集神经网络(RS-NN)变精度粗糙集(VP-RS)、粒子群-径向基神经网络(PSO-RBF)、混沌神经网络(Chaos-RBF)、已获价值理论(EVM)、灰色系统理论(GM(1,1))等算法的集成应用。所以,首先需要解决的问题就是如何运用这些技术更好地体现全生命显著性造价的投资与控制,在什么情况下适合运用这些技术,并且能更好地发挥其作用。其次,各种智能算法有效的融合机制是本书的一个难点。最后,实际工程数据的有效准确收集、整理至关重要。由于其保密性、收集难度大、周期长,存在着许多不确定性因素等特点,如何有效地利用这些数据进行选择、分析和处理具有技术难度。

1.4 创新之处

目前国际上前沿的全面造价(管理)理论和方法尚局限在对概念和理论的研究上,而对其方法论的研究尚无突破性进展,对其具体技术方法的研究尚十分欠缺。而国内在工程项目全面投资确定和控制理论和方法上处于转轨变型阶段,急需有先进的理论和方法作前导。

本书主要创新点如下:

目前,在全生命周期造价的相关文献中没有发现遗传神经网络(GA-BPNN)、粗糙集二次分类、变精度粗糙集、粒子群-径向基神经网络(PSO-RBF)、混沌神经网络的使用,本书将对此进行研究,具体如下:

(1)通过粗糙集计算属性的约简,从客观上提取出工程特征,杜绝了以往工程特征靠专家判断所具有的主观因素弊端,并利用粗糙集通过二次分类来挖掘出类似工程。

(2)在传统粗糙集基础上给出抗噪声能力强的变精度粗糙集(VPRS),并对类似工程信息进行更深一层的挖掘,提高了抗噪声能力,解决了传统粗糙集在挖掘同类工程中因缺乏对噪声数据的适应能力,缺乏柔性、鲁棒性的不足。充分利用了传统粗糙集易丢失的大量有用信息,进一步挖掘出潜在的、宝贵的工程信息。

(3)把粗糙集与神经网络相融合(RS-NN),通过粗糙集-神经网络估算与传统神经网络估算结果进行性能对比分析,实例证明,经过粗糙集约简条件属性和工程规则的数量,去除了决策表中的冗余信息,大大减轻了神经网络输入的维数。以粗糙集抽取出的规则构造神经网络拓扑结构。仿真实验表明,该方法在全生命周期造价中,突出了目标特征,大大缩短了训练时间,提高了精度,并且得到优于常规的神经网络估算,满足投资估算的实时性要求。

(4)使用粗糙集机器学习进行估算,在保持决策属性和条件属性之间的依赖关系不变化的前提下，根据其等价关系寻找工程知识库中的冗余关系，从而简化决策表，确保知识库的分类能力，约简联系较弱的因素，最后以粗糙集机器学习决策规则的形式实现造价预测。通过交叉验证表明，应用粗糙集机器学习解决全生命周期造价的投资估算是可行的。

（5）针对传统的 BP 神经网络存在的问题，提出遗传神经网络（GA-BPNN）的估算方法。将遗传算法和神经网络融合，充分利用两者的优点，使新算法既有遗传算法的全局随机搜索能力，又有神经网络的学习能力和鲁棒性，通过仿真试验验证其稳定性和有效性，表明该算法在全生命显著性造价估算方法中具备较高的实用性。

（6）针对 RBF 神经网络学习策略上的的缺点，将群智能 PSO 优化算法融合到神经网络学习算法中，并通过实例与 GA-RBF 进行对比分析，通过仿真（表明基于 PSO 的神经网络模型预测器预测精度高，误差小。应用 PSO 优化的速度快，效果好）证明了该方法在生命显著性造价估算方法中的可行性。

（7）运用混沌神经网络（Chaos-RBF），在满足混沌状态的情况下，运用混沌动力系统与神经网络进行结合，在 EVM 的基础上，对显著性项目的 ACWP、BCWP 进行动态预测，事前及时、系统地掌握和管理相关信息，有效防止在施工过程中出现造价投资失控，实时进行造价的控制分析。

1.5　思路和结构安排

本书的大体思路和结构见图 1-1。

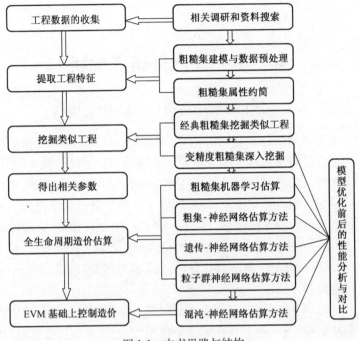

图 1-1 本书思路与结构

第2章　国内外研究现状

2.1　全生命周期造价(WLC)研究现状

全生命周期造价(Whole Life Costing,WLC)主要是由英美工程造价界的学者和实际工作者于 20 世纪 70 年代末和 80 年代初提出的,在英国皇家测量师协会的直接组织和大力推动下,进行了广泛深入的研究和推广,逐步形成了一种较完整的现代化工程造价管理理论和方法体系。它是一种运用多学科知识,采用综合集成方法,重视投资成本、效益分析和评价,运用工程经济学、数学模型方法,强调对工程项目建设期、未来运营维护期总成本最小的管理理论和方法。

1974 年到 1977 年间是全生命周期工程造价理论概念和思想的萌芽时期,现在能够找到的最早使用"全生命周期造价管理"这一词的文献是英国的 A. Gcordon 在 1974 年 6 月在英国皇家特许测量师协会《建筑与工料测量》季刊上发表的《3L 概念的经济学》一文,以及 1977 年由美国建筑师协会发表的《全生命周期造价分析—建筑师指南》一书,给出了初步的概念和思想,指出了研究的方向和分析方法。之后人们在这方面做了大量的研究并取得了一定的突破,其中 O. Oorshan 在《全生命周期造价:比较建筑方案的工具》一文中站在一个新的角度,即从建筑方案比较分析的角度探讨了在建筑设计中全面考虑工程的建设期成本和运营维护成本的概念与思想。

从 1977 年到 20 世纪 80 年代后期,是全生命周期工程造价管理理论与方法体系基本形成时期并且在实际应用中取得了阶段性的成果。在此阶段,英国皇家特许测量师协会与英国皇家特许建筑师协会合作,投入了很大的力量去推动全生命周期工程造价管理的发展，并且还直接组织对此进行广泛而深入的研究以及全面的推广。先后在专业刊物上刊登发表了大量有关全生命周期工程造价管理方面的研究论文，而且出版了《建筑全生命周期造价管理指南》、《全生命周期造价管理：一个能够使用的范例》、《建筑师全生命周期造价核算与初略设计手册》等一系列的行业专著和指南，以及很多有关全生命周期工程造价管理的文件和报告。

全生命周期工程造价管理理论与方法的完善时期是自 20 世纪 80 年代后期开始的，进入了全面丰富与创新发展阶段，先后出现了造价管理的模型化和数字化，应用计算机管理支持系统和仿真系统，创新思考追求和满足全社会福利最大化的思想和方法。在国外发达国家，全生命周期成本估价和管理技术现在已经应用于所有的建设领域，其中包括建筑物、桥梁、公路、水利系统等，甚至可应用于建筑物的某一个特定的部件。

R. Flanagan 在《全生命周期造价管理问题》(1984)《工程项目全生命周期造价核算》和《全生命周期造价管理：理论与实践》这一模式的主要内涵是从建筑经济学角度进行探讨的，针对全生命周期造价管理中所涉及的技术与造价的结合问题进行深入探讨，提出先进的技术要求和合理的造价成本应有机结合等观点。

P. E. Dellasola 等人的《设计中的全生命周期造价管理》，J. Bull 的《建筑全生命周期造价管理》和 LG. Medley 的《从全生命周期出发：在造价未发生前就管理它》，这些学术文章分别从不同的角度对全生命周期造价管理的思想和方法进行了深入的探讨。

R. Petts 和 J. Brooks 的《全生命周期造价模型及其可能的应用》一文中，给出了一套全生命周期造价管理的模型，并且给出了其应用范围。

John W. Bull 在《建筑项目生命周期成本估价》一文中，探讨了建设成本、运营和维护成本与生命周期成本之间的关系并给出关系图。Robert J. Brown、Rudolph R、Yanuck E 探讨了生命周期成本造价的应用范围和研究方法。

Medley 的《从全生命周期出发：在造价未发生前就管理它》从

事前管理工程项目造价的角度,探讨了运用全生命周期造价的方法,进行项目方案的比较和选择。

A. Ockwell 在《公路管理:一种全生命周期工程造价管理技术的开发》一文中,以公路项目为研究目标,研究了这类公益性项目的全生命周期造价管理的思想和方法。

He Zhi 的《项目全生命周期工程造价的仿真分析》一文在确定工程项目全生命周期造价的方法方面进行了研究,在确定项目的运营维护成本方面运用计算机实例仿真技术进行实现。

20世纪90年代以后,全生命周期工程造价管理的体系已经基本形成,主要体现在技术和应用方面的研究,主要集中在:风险和不确定性因素的研究、实际应用领域方面的研究、生命周期成本计算软件研究、生命周期成本和环境影响集成研究。

随着理论的发展和广泛的应用,人们开发出很多全生命周期造价管理的信息系统,其中比较著名的有 NIST 的 BLCC5.0,世界银行的 HDM4 等,这些软件大部分是用来计算全生命周期成本的。

在国内,关于"全生命周期造价",台湾的一些研究学者以桥梁为研究对象进行了一系列的研究。王仲宇等人在《桥梁生命周期成本评估方法与结构使用年限之建立》一文中指出,生命周期(Life Cycle)为整个分析产品投资的时间,一般即为产品由生产到废弃销毁的时间,而生命周期成本(Life Cycle Cost,LCC)为产品生命周期内总成本。谢定亚等人在《应用生命周期成本分析提高公共建设效益之研究》也提到生命周期成本的概念。

2002年,归国博士戚安邦在其所著的《工程项目全面造价管理》一书中,介绍了当今世界工程造价管理理论的流派,并简短地介绍了全生命周期工程造价管理理论与方法。虽然没有对全生命周期工程造价管理进行更深入的研究,但是,这本书是在国内最早介绍全生命周期工程造价管理的著作。

同济大学丁士昭教授于2000年在其论文在《关于建立工程项目全寿命管理系统的探讨——一个新的集成 DM,PM 和 FM 的管理系统的总体构思》一文中,从研究项目管理的角度出发,提出了建设项目全生命周期管理思想,探讨了全生命周期管理阶段投资与控制问题,以及建立建设项目全生命周期信息管理系统的理论和方法等问题。

何清华在其博士论文《建设项目全寿命周期集成化管理模式研究》中,分析了建设期费用和运营维护费用之间的关系,为了说明运营及维护费用在全生命周期成本中占有相当的比重,还列举了三个案例予以说明,并针对影响的可能性分析了各个阶段对全生命周期成本,指出决策阶段及设计阶段的前期控制的重要性。

哈尔滨工程大学经济管理学院董士波于 2004 年在《对生命周期工程造价管理的思考》中提出了全生命周期工程造价管理的理论框架、含义、阶段的划分、分析和计算,以及全生命周期工程造价管理的 CALS 信息系统。由此可以看出我国对"生命周期成本"以及"全生命周期成本"的概念已有了初步的研究,并逐渐形成良好的发展趋势。

2005 年,山东建筑工程学院的陈超俊、王艳艳在《工程项目全生命周期造价管理的探讨》一文中,提出了在工程项目各个阶段都要以全生命周期费用最小化为目标,尤其是在项目的决策和设计阶段的观点。

从工程造价管理角度介绍与研究全生命周期工程造价管理并取得初步成果的是天津理工学院的任国强。他先后发表了《基于范式转换角度的全生命周期工程造价管理研究》、《生命周期成本分析在城市水利系统中的应用》、《全生命周期工程造价管理及其计算机实现》等学术论文和研究报告。

2007 年王恩茂在《基于全寿命周期费用的节能住宅投资决策研究》中提出了考虑实物期权、开放、动态的住宅全寿命周期费用估算模型,从节能住宅进行全寿命周期费用分析的重要性出发,对节能住宅进行基于全寿命周期费用的投资决策理论与方法以及全寿命周期费用分析应和节能效果分析相结合的观点进行了全面、系统的研究。

王瑾于 2008 年 9 月在《铁路工程造价管理》上发表论文《地铁

工程全生命周期造价的确定与控制》，通过对地铁工程项目全生命周期造价管理现状的分析，在项目组织集成的基础上对工程项目利益相关者的诉求进行分析，合理确定项目的全生命周期造价，并以此作为控制地铁工程项目全生命周期造价的基础。台湾的一些研究学者以桥梁为研究对象也提到了相类似的说法。

目前，我国的一些学者和工程技术人员已经意识到全生命周期工程造价管理的重要性，近年来已逐步开始对全生命周期工程造价管理作了一些初步有益的探索和研究，总结出了一些全生命周期工程造价管理的基本思想和基础方法。结合我国国情研究了在我国实施全生命周期工程造价管理的可行性，并从城市水利项目这一方面作了实验性研究，取得了初步研究成果。总体上来看，国内对全生命周期工程造价管理模式尚停留在研究阶段，在工程项目整个生命周期内各个阶段，如何在实践中运用全生命周期投资理论进行投资确定、设计方案、施工成本和运营维护成本优化，从而树立以全生命周期造价最小为最优的投资预测和控制理念，还有待于学术界和实际工作者的进一步互动合作。

2.2　显著性成本理论(CS)研究现状

1897 年，意大利经济学家 Vilfred Pareto 在从事经济学研究时，偶然注意到了英国人的财富和收益模式。经过进一步研究，得出了二八法则，也称作显著性理论。不管是早期的英国，还是与它同时代的其他国家，或是更早期的资料记载，都存在着同样的模式，而且在数学上具有相当的准确度。该法则对现实的资源管理具有重要的指导意义。

显著性成本理论即 CS(Cost-Significant, CS) 理论，其思想就是来源于显著性理论。将"显著性理论"应用于工程造价的估算与控制方法研究中，从而产生了显著性成本理论。

英国 Dudee 大学的建筑管理研究组（Construction Management Research Unit, CMRU) 最早对 CS 理论进行了研究，他们在 1981 年对 25 个项目的工程量清单进行了分析，并得出结论:工程量清单中一小部分分部分项工程花费了工程总造价中的绝大部分款项。虽然,目前还无法从理论上严格证明"显著性理论"的存在,但由于工程项目明显存在的分部分项工程造价的不均匀,占项目造价绝大部分比重的显著性成本项目 CSIs(Cost-Significant Items),其个数在分部分项工程中所占比例将远远小于其造价所占比例。尽管不严格符合 CS 理论,但是 CSIs 数量占 items 总量的 25%,远远小于其造价占总造价比例 75%,因此仍能够极大地简化投资估算工作量。之后其他一些研究人员对不同类型项目的工程量清单检验结果,也证实了工程项目中 CS 理论的存在。1986 年 Saket 对 24 个工程量清单的研究得出了占分项工程数目大约 18% 的 CSIs,平均占总造价的 81%。相似的结果也出现在(Asif,1988;A1. Hubail,2000;Zakieh,1991)的研究中。

Asif(1988)运用 Saket 的这个发现开发了桥梁、公路的投资估算模型;Bouabaz 和 Horner(1990)与 Saket 有相同发现,并以此为桥梁维修建立了一个简化模型,使模型的复杂度降低了 60%;Mair(1990)利用这个发现开发了建设项目投资估算和投资控制模型。

在我国,浙江大学的邵宏在对浙江省高速公路工程进行研究分析发现:路基土石方、路面(含基层)、桥梁、互通立交及隧道等 5 部分的造价比重超过建筑安装工程造价的 80%。

段晓晨博士于 2006 年 8 月在《基于 CS、FC、GM(1,1)理论预测新建铁路项目 WLC 的新方法探讨》中详细阐述了 CS 理论在全生命周期造价中简化造价计算。并试图在全生命周期造价 WLC 和显著性成本 CS 理论上建立预测拟建铁路高新技术项目 WLC 的显著性成本项目 CSIs 测算模型进行投资估算。

2006 年 12 月,段晓晨在其论文《基于 CS、WLC、BPNN 理论预测铁路工程造价的方法》中依据全生命周期造价 WLC 理论进行拟建项目造价测算和投资、设计方案优化,提出显著性成本项目 CSIs 测算方法简化投资估算程序,并依据 BP 神经网络在大量已完工程资料中提取类似 CSIs 和显著性因子 csf,从非线性角度实现了对项目投资的准确预测,经算例分析得出,估算值与实际值的相对误差满足投资估算要求。

2007 年段晓晨博士在其著作《政府投资项目全面投资控制理论和方法研究》中详细阐述了 CS 理论的定义,建立了比较完整的基于 WLC、CS 理论的全面投资控制理论和方法体系,并融入 CS 理论确立了在全生命周期内寻求 WLC 最低控制和优化思想。

程杰在《基于 CS 理论的全生命周期工程造价的研究》中,从理论推导的角度验证了该理论,并对如何寻找同类工程和单个工程的显著性因子进行了探讨。

从我国目前的情况以及所能收集到的资料来看,我国还没有对"显著性理论"思想进行深入的研究和应用,尤其是应用在全生命周期方面,尚需进一步研究探讨。

2.3 智能融合技术研究现状

智能融合在此有两层含义。首先是指在全生命周期造价投资估算与控制实施的过程中融入当前智能领域的算法,以便更加有效地进行深入挖掘、估算和控制。其次是各种智能计算方法之间的相互融合,取长补短,寻找满足精度高,稳定性强的智能融合估算与控制方法。

人工智能的发展经历了漫长的发展过程。在 20 世纪 30 年代和 40 年代的智能领域,发现了数理逻辑和关于计算的新思想这两件重要的事情:以维纳、(Wiener)罗素、弗雷治等为代表对发展数理逻辑学科的贡献及丘奇(Church)、图灵和其他一些人关于计算本质的思想,对人工智能的形成产生了重要影响。1956 年夏季,人类历史上第一次人工智能研讨会在美国的达特茅斯(Dartmouth)大学举行,标志着人工智能学科的诞生。1969 年召开了第一届国际人工智能联合会议(International Joint Conference on AI, IJCAI),之后每两年召开一次。1970 年《人工智能》国际杂志(International Journal of AI)创刊,这些对开展人工智能国际学术活动和交流,促进人工智能的研究和发展起到积极作用。20 世纪 70～80 年代,知识工程的提出与专家系统的成功应用,确定了知识在人工智能中的地位。近十几年来,机器学习、计算智能、人工神经网络等研究逐步深入化开展,形成高潮。同时,不同的人工智能学派间的争论也非常激烈。这些都推动人工智能研究的进一步发展。

"智能计算"的概念内涵丰富,从某种意义上讲,各个领域的科研人员都在沿着各自不同的方向,通过各种不同的途径来设法接近"智能计算"的本质。目前人们普遍认为智能计算实际上是跨越诸多学科在内的一门深奥科学,它是将所研究的问题利用模拟人类或自然智能机制的某种理论、方法和模型进行表达,并借助可操作、可计算、可编程、可视化的计算机技术,使问题得到解决的一门学科。目前智能计算基本上包括如下领域:专家系统、人工神经网络、人工生命、模糊数学、遗传算法、机器学习、数据挖掘与知识发现、模糊数学等。但无论是专家系统、人工神经网路、粗糙集方法、粒子群、遗传算法等,都存在着各自的局限。因此怎样把不同的智能方法特性与技术整合起来取长补短就成为人工智能一个重要的研究领域。目前根据集成方式的不同方式可以分为智能混合计算(Hybrid Inteuigence Computing)和智能融合计算(Fusion Intelligence Computing)。

智能混合与智能融合系统:

智能混合系统就是两种或者两种以上的智能计算方法的结合或者协作来克服单一智能计算方法的局限性。Goonatilake 和 Treleaven 认为智能混合系统根据其设计策略的不同可以分为两类,第一种为功能替代型智能混合系统,第二种为内在联系型智能混合系统。智能混合系统的研究是随着 20 世纪 80 年代中期神经网络研究热潮的再次兴起产生的,尽管研究时间较短,但仍取得了一些进展。

尝试把两种及两种以上的智能方法、技术有机地融合为一体,就形成所谓智能融合(Intelligence Fusion)。

经文献检索和资料搜集,筛选到各种智能计算及智能融合技术在本领域的研究现状分类如下:

粗糙集(RS)方面：

2009年1月，石家庄铁道大学任军利在《基于RS和CS理论的全生命造价估算数据挖掘方法研究》一文中较早地研究了粗糙集算法在全生命显著性造价中的应用问题，建立了粗糙集在工程项目造预测价中的实际应用模型，应用粗糙集提高了显著性因子筛选的准确度，应用了简单的属性约简算法。

2010年3月，石家庄铁道大学王琳在《全生命显著性造价粗糙集估算方法研究》一文中运用粗糙集理论的属性约简原理删除冗余数据进一步降低工程造价的计算量，采用基于Pawlak属性重要度的构造决策树属性约简算法来进行粗糙集约简计算。

其中，利用粗糙集在全生命显著性造价中进行工程特征的提取、同类工程的挖掘、对原始的工程决策信息表进行离散化处理，并且使用粗糙集软件Rosetta来处理等均未发现有研究文献，在本书中均属于首次研究，可视为创新点。

神经网络方面：

2010年3月，石家庄铁道大学徐佳在《全生命显著性造价SOM和RBF神经网络估算方法研究》一文中运用自适应(SOM)和径向基(RBF)神经网络的模型对已完工程造价信息进行挖掘整理，并进行模型验证。运用自组织SOM神经网络对显著性项目和显著性因子进行特征抽取，验证显著性项目和显著性因子对类似工程的确定。最后运用基于自组织算法的RBF网络对投资估算进行预测。预测结果表明，自组织RBF网络提高了计算精度，简化了计算过程，减少了计算时间。

2005年8月，重庆大学任宏、周其明在《神经网络在工程造价和主要工程量快速估算中的应用研究》中，采用动量法和学习自适应调整策略改正的BP神经网络建立了工程造价和主要工程量估算数学模型。针对以往估算模型精度不高的缺点，将工程造价指数和工程硬、软件环境对工程造价的影响增加到模型中。以工程资料为实例，验证了该模型的正确性及实用性。

2006 年 6 月,邓焕彬、强茂山、刘可在《基于神经网络的公路工程造价快速估算方法》文中提出利用模糊神经网络方法对公路工程造价进行快速估算。计算公路工程造价实例表明,该估算方法具有较高的实用性,具有简便、准确的特点。

2005 年 8 月,周其明、汪淼、任宏在《神经网络集成在工程造价估算中的应用研究》中工程造价和主要工程量估算数学模型采用神经网络集成方法进行建立,以实际已完的实际工程资料为例,得出了神经网络集成方法泛化能力更高的结论。

粗糙集-神经网络(RS-NN)方面:

2008 年 3 月,石家庄铁道大学王兴鹏、桂丽在《基于粗糙集-神经网络的工程造价估算模型研究》一文中,工程造价估算使用粗糙集和神经网络相结合的模型,并通过实例验证了其有效性。但在全生命显著性造价中使用粗糙集-神经网络尚未发现有研究文献,本书将对此进行研究。

变精度粗糙集(VPRS)方面:

变精度粗糙集在全生命显著性造价中的应用研究尚未发现。本书将对此进行研究。

粗糙集机器学习方面:

粗糙集机器学习在全生命显著性造价中的应用尚未发现。本书将对此进行研究。

遗传神经网络(GA-NN)方面:

遗传神经网络在全生命显著性造价中的应用尚未发现。本书将对此进行研究。

粒子群—径向基神经网络(PSO-RBF)方面:

粒子群优化的径向基神经网络在全生命显著性造价中的应用尚未发现。本书将对此进行研究。

混沌-径向基神经网络(CHAOS-RBF)方面:

混沌与径向基神经网络两种智能算法相融合的模型在显著性造价的控制中的应用尚未发现。本书将对此进行研究。

第3章 全生命显著性造价投资确定
理论与方法

工程投资建设项目具有结构复杂、规模庞大和工期较长、一次性或单件性的特点,工程造价具有动态性和不确定性,受时间因素影响较大,从投资决策、设计、建设、竣工决算、运营维护到报废,工程造价经历从不确定(模糊)、渐进到确定的过程,但从投资控制的角度,越是前期不确定的投资越是起着至关重要的目标控制作用。投资估算贯穿于整个投资决策过程中,在编制项目建议书、可行性研究阶段和设计阶段,对投资需要量进行估算是一项不可缺少的内容。建设前期的工程造价管理是工程造价控制的源头,具有先决性,它对建设全过程的工程造价控制往往起着决定性的作用,是决策、筹资和控制造价的主要依据,是工程造价管理的一个很重要阶段 。长期以来,我国一直把建设项目投资控制的重点放在施工阶段,认为施工阶段是建筑产品形成实体的最后阶段,这个阶段不仅要延续很长的时间,而且要消耗大量的人力、物力和财力,业主的绝大部分投资是在这个阶段完成的。因此,往往把投资控制的重点放在施工阶段,即重点审查施工图预算,把主要精力放在审核工程量和定额使用上面。这样做,尽管是必要的且取得一定的效果,但是对整个造价控制工作来讲,仍然具有片面性,存在明显的缺陷。对那些因缺乏科学的可行性研究,或投资估算不实,或设计不科学、不合理、脱离实际等所造成的拖延工期、投资浪费等事项只能发现,而不能及时纠正并消除偏差,更不能预防偏差的发生,只是被动的控制工程造价,是事后控制。因此,从全过程造价到全生命周期造价管理思想的转变是目前我国工程造价管理领域急需解决的重要问题。

本章拟从投资估算的确定入手,主要有以下内容:(1)在可行性研究和设计阶段,运用全生命周期投资理论(Whole Life Costing,WLC)进行工程项目的投资估算和设计概算、施工图预算的编制,树立以全生命周期最低进行投资、设计方案优化的思想。(2)运用显著性成本法(Cost-Significant,CS)简化投资估算、设计概算或修正概算计算程序;(3)在施工图设计阶段,在具体设计方案和设计工程量已准确确定情况下,仍按现行工程量清单法进行施工图预算。

3.1 以全生命周期造价 WLC 理论为基础

3.1.1 WLC 基本概念

全生命周期造价(Whole Life Costing,WLC)在不同的文献中有不同的称呼,如:"Life-Cycle Cost (LCC)","Total-Cost-of-Ownership","Total Life Costing","Costs in Use","Total Cost","Through Life Costs (TLC)"等名称。译成汉语也有不同的名称,比如全生命周期成本、全生命造价、全面造价管理等。

工程项目的全生命周期是指从该项目的产生之前的设想、产生的过程及使用阶段到该产品的废弃以及剩余价值的回收这一整个的分析周期。对于工程项目的全生命周期包括建设期(包括立项、设计以及实施等阶段)、使用期和更新与拆除期。因此,WLC是指工程项目在整个生命周期内发生的费用。全生命周期造价管理是一种实现工程项目全生命周期,包括建设期、使用期和翻新与拆除期等阶段总造价最小化的方法。

3.1.2 WLC 的阶段的划分与实施步骤

根据工程造价具体情况,建筑项目全生命周期工程造价管理阶段可以划分如下阶段:决策阶段、设计阶段、实施阶段、竣工验收阶段和运营维护阶段、弃置回收阶段。但在建模过程中,根据需要把全生命周期分成三个阶段:建设阶段、运营维护阶段和报废阶段。

建设成本的计算：首先对收集到的工程造价信息进行整理、分析，在数据库建立的基础上对初始建造成本进行计算。项目营运和维护成本的计算：首先需要确定工程的营运和维护数据，由于运营维护成本发生在不同时期，还应确定合适的贴现系数进行折现。对生命周期造价的计算进行存储：对于生成的标准生命周期造价分析报告进行存储，便于对生命周期造价数据进行统一的文档管理。全生命周期造价按逻辑顺序实施步骤分为七步，如图 3-1 所示。

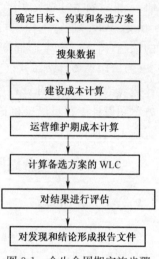

确定目标、约束和备选方案

↓

搜集数据

↓

建设成本计算

↓

运营维护期成本计算

↓

计算备选方案的 WLC

↓

对结果进行评估

↓

对发现和结论形成报告文件

图 3-1　全生命周期实施步骤

3.1.3　折算的基本计算公式

发生在时间序列起点处的资金值称为资金的现值。对于项目投资来说，将投资方案各期所发生的现金流出按照既定的折现率统一折算为现值（计算期起点的值，P——Present Value）的代数和，称为折现。其基本计算表达式为：

$$P = \sum_{t=0}^{n} F_t (1 + i_c)^{-t} \tag{3.1}$$

式中　P——现值；

　　　F_t——第 t 年的现金流出（流入）；

　　　n——方案计算寿命期；

　　　i_c——基准收益率。

3.1.4　WLC 的常用数学模型

现有文献中大多数模型采用 NPV 法，一般仅考虑运营维护

阶段,依据现值的基本思想和折现的基本计算表达式,当计算工程的全生命周期造价时可以采用如下公式模型:

$$P_j = \sum_{t=1}^{T_1} {}^d f_{jt}(K) + \sum_{t=T_1+1}^{T_1+T_2} {}^d f_{jt}(E) + \sum_{t=T_1+T_2+1}^{T_1+T_2+T_3} {}^d f_{jt}(X) +$$

$$\sum_{t=T'-T_4+1}^{T'} {}^d f_{jt}(S) + \sum_{t=T'+1}^{T} {}^d O_{jt} + \sum_{t=T'+1}^{T} {}^d M_{jt} - {}^d SAV_j \quad (3.2)$$

式中　　　P_j——备选方案 j 的全生命周期造价的现值之和;

　　　$f_{jt}(K)$——备选方案 j 各个时刻可行性研究费用折现值;

　　　$f_{jt}(E)$——备选方案 j 各个时刻勘察设计费用折现值;

　　　$f_{jt}(X)$——备选方案 j 各个时刻施工费用折现值;

　　　$f_{jt}(S)$——备选方案 j 各个时刻竣工验收试运行费用折现值;

T_1、T_2、T_3、T_4——可行性研究时间、勘察设计时间、施工时间、竣工验收试运行时间;

　　　　T'——建设期时间,$T' = T_1 + T_2 + T_3 + T_4$;

　　　　T——从可行性研究开始到弃置的整个项目分析期;

$\sum_{t=T'+1}^{T} {}^d O_{jt}$——备选方案 j 各个时刻运营成本折现值之和;

$\sum_{t=T'+1}^{T} {}^d M_{jt}$——备选方案 j 各个时刻养护成本折现值之和;

　　${}^d SAV_j$——备选方案 j 在期末回收值的折现值。

　　从计算式中可以看出,如果业主在多个方案中想选择全生命周期造价最小的方案时,现值模型是一个非常实用的手段。另外,还可以把净现值(收入现值与 WLC 的现值的差值)作为一个决策标准。

3.1.5　WLC 形成过程及各阶段造价精度要求和影响程度

　　项目各阶段发生的费用比例和决定投资的比例详见图 3-2 和图 3-3。从图中可以看出,控制工程造价的关键在可行性研究决策

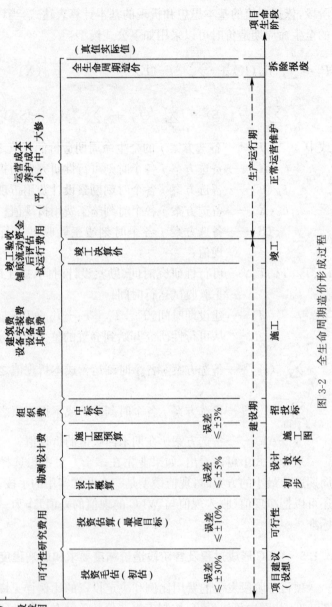

图 3-2　全生命周期造价形成过程

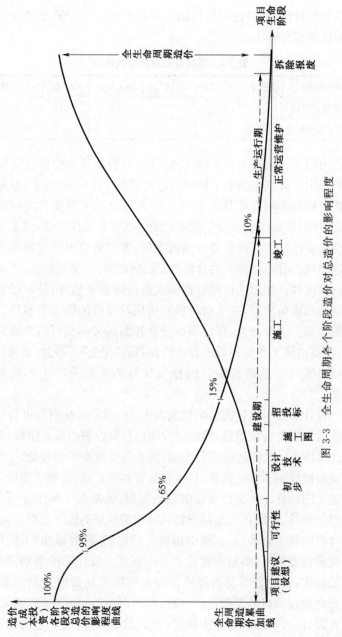

图 3-3　全生命周期各阶段造价对总造价的影响程度

阶段和设计阶段,而在项目的施工阶段和运营维护阶段对投资的影响比例相对较小。

表 3-1　项目各阶段的影响情况

项目阶段	设想和可行性阶段	设计阶段	施工阶段	竣工阶段	运营维护
发生费用比例	1%～2%	5%～6%	40%以上	1%	50%
对投资影响程度	65%～95%	15%～65%	10%～15%	1%	5%～10%

由图 3-3 和表 3-1 可知,在项目的设想和可行性研究阶段发生的费用一般只相当于工程项目总费用的 1%～2% 以下,但是对工程造价的影响程度却占 65%～95% 以上。工程项目的可行性研究阶段,既是工程项目建设前期的一项重要工作内容,又是工程建设投资控制的一种重要方法或手段,通过对建设项目技术上的先进性、适用性,经济上的合理性、盈利性的综合分析论证,来确定项目的取舍。建设项目可行性研究阶段的投资估算,是对投资经济活动的事前控制,对项目造价的构成及投资的确定有着极其重要的作用。由此可见,建设项目投资控制的关键在可行性研究阶段,投资估算工作是建设工程造价控制的"龙头"。因此,必须以建设项目的可行性研究阶段的投资估算为重点进行工程造价的控制。

设计阶段对投资的影响程度为 15%～65%,在项目可行性研究阶段作出投资决策后,影响建设项目投资控制的最大阶段,就是设计阶段。设计阶段的投资控制,就是追求投资的合理化,主要就是初步设计编制设计概算、技术设计编制修正概算,施工图设计编制施工图预算。在设计阶段的投资控制,就是在了解工程所在地的建设条件、掌握各项基础资料以及初步确定的施工组织方案、选择合理的施工方法后,正确引用规定的定额、取费标准、工资单价和材料设备价格,编制出建设项目的概算。设计阶段基础资料选取的优劣,设计方案是否经济合理直接影响到投资控制的效果。根据对建设项目的工程造价分析,可以看出"三超"中有"两超"发生在设计阶段,即概算超出估算,预算超出概算;结算超出预算也往往与设计不合理或设计变更过多有关。因此,设计规划阶段也是建设项目投资控制的重点环节。

而施工和运营维护阶段对投资的影响程度仅为 5% ~ 15% 左右。项目的施工阶段和运营维护阶段对投资的影响比例相对较小。可行性研究和设计阶段是工程项目投资额估算的关键阶段,其投资估算额是随后各个阶段投资控制的最高目标,它的准确与否对整个项目的投资控制起着决定性作用。所以对于决策者和设计者来讲,在可行性研究和设计过程刚开始的时候,从建筑项目生命周期造价角度考虑问题是非常重要的。英国建筑协会的 Latham 经过周密的分析,认为通过实施全生命周期造价管理,真实造价可以节约 30%。随后一些工作组的研究也发现,在项目早期阶段所有项目参与方(业主、咨询师、设计方、施工方、营运方)在早期设计阶段应整合成一个团队,从全生命周期造价角度来看,将会促进工作绩效的极大改善和项目造价的巨大节约。总之,投资决策阶段是合理估算全生命周期造价、降低成本的重要阶段。投资估算的作用一是作为建设项目投资决策的依据,二是在项目决策以后,成为项目实施阶段投资控制的依据。

3.2　运用"显著性成本 CS"模型简化投资确定和控制程序

工程投资项目一般都非常庞大,动辄几千万到上千亿元,因此建设成本的计算和控制也就尤其繁巨,因此寻求一种简化又不失误差的方法势在必行。本书在工程项目建造过程中,试图引入显著性成本 CSIs 理论简化建造成本计算和控制工作量。应用 CSIs 模型不但节省了新建工程投资估算和设计概算的时间、简化了工作量,而且对新建工程的投资控制也起到有效的作用,这对于我国工程造价的计算与控制方面的研究具有重要的启迪作用和现实意义。

3.2.1 CS 理论的基本思想

CS 理论认为一个工程约 80％的造价由占总工程数量比例约 20％的项目承担，我们把工程量清单中分项工程的造价排在前 20％的分项工程称为显著性成本项目（Cost-Significant Items，CSIs），其余的称为非显著性成本项目（non-CSIs）。如果工程项目符合 CS 理论，那么我们只需关注项目中 CSIs，就既能极大简化计算工作量，又能保证投资估算的精确度。同样，在施工成本控制过程中，我们只需关注显著性成本项目 CSIs。依此作为重点进行控制，就可以抓住对整个问题有重要作用的 20％，着重解决和处理这 20％也就控制了项目 80％的成本，是建筑业中造价估算的有效方法，它将工程投资估算花费时间和成本都降低了 80％，并改进投资估算的精确度。而其他非显著性项目仅作一般性分析或作为参考、贮备性因素即可。这样既节省了时间和资源又解决了问题，尤其对于现在投资额上亿、上千亿的项目，CSIs 造价的测算尤为重要，对显著性项目造价估算的把握有着重要的意义。

一般说来，CSIs 数量越多，"显著性因子"越稳定，模型越复杂精确度越高。所以，建立 WLCS 模型需要在 CSIs 的数量和模型精确度之间寻找平衡，在国外建筑业中，已有多个 CSIs 模型用于项目造价估算。表 3-2 是一些显著性项目（CSIs）模型及其精确度的列表。从表中可以反映出，估算精确度满足建设项目投资估算精确度高于 10％的要求。

表 3-2　已有显著性项目（CSIs）模型及其精确

模型	项目类型	CSIs 数目（％）	精确度
A1-Hajj（1991）	建筑业	11	7.5％
A1-Hubail（2000）	海岸石油和天然气业	12	6.61％
Asif（1988）	大桥	10	<8.92％（平均误差率）
—	大桥	—	<3.58％
—	公路	—	<5.34％

模型	项目类型	CSIs 数目(%)	精确度
—	公路	—	<5.11%
Bouadaz and Horner (1990)	桥梁维修	18	8.6%
—	Bridge box structure	—	4%
Horner (1990)	大桥	15	10%
McGowan (1994)	土木工程	26	4%
Rahman (1991)	加强混凝土大桥	27	5%
Saket (1986)	公共建筑	16	±4.5%(平均误差率)
Zakieh (1991)	超市	12	±4%

3.2.2　CSIs 方法在全生命周期各阶段的应用

　　CSIs 方法在项目的各个阶段有不同的应用,在各阶段应用 CSIs 方法可以得到不同的效果,实际操作中我们可以根据不同阶段的需要灵活运用 CSIs 方法,从而简化工程建设以及运营维护等各个阶段的计算工作量。

　　在可行性研究阶段,CSIs 方法可以简化备选方案在全生命周期投资估算的程序。在初步设计、技术设计和施工图设计阶段,运用 CSIs 方法,利用已完同类工程的 CSIs、CSF,可以大大简化设计概算、技术概算和施工图预算的计算工作量。在施工和运营维护阶段,CSIs 可以简化 WLC 成本控制和数据收集程序。

3.2.3　"显著性成本项目 CSIs"的确定

　　采用"均值理论"区分工程项目的 CSIs 和 non-CSIs,均值理论表述如下:假设项目总成本为 c,项目个数是 N,那么分部分项工程的平均成本就是 c/N。我们把那些成本大于平均成本的分部分项工程,称为 CSIs;小于平均成本的项目,称为 non-CSIs。如果 CSIs 不能保证在 30% 之内,可进行二次平均。根据"均值理论"和

CSIs 的确定步骤,确定出工程的 CSIs。

从对大量工程的工程量清单进行分析,得出以下的步骤确定工程的 CSIs:

(1)将工程的工程量清单按照单项内容进行分析、整理;

(2)计算工程量清单中每一项内容的成本;

(3)计算工程的总成本;

(4)计算出平均成本(总成本与总项目数量的比值);

(5)选出单项成本大于平均成本的项目即为 CSIs。

3.2.4 显著性因子的确定

显著性因子(Cost Significant Factor,CSF)——CSIs 造价占项目总造价的比率。依据 CSF 的定义,CSF 的计算公式可以表示如下:

$$CSF = \frac{\sum_{i=1}^{n} C_{SE_i}}{\sum_{j=1}^{m} C_{E_j}} \qquad (3.3)$$

式中 CSF——显著性因子;

C_{SE_i}——工程 CSIs 的成本;

C_{E_j}——工程总成本(包括 CSIs 和 non-CSIs 的成本);

n——工程 CSIs 的数量;

m——工程总分部分项的数目。

3.2.5 全生命显著性造价(WLCS)模型的建立

在 CSIs 模型的基础上结合 WLC 理论建立 WLCS 模型。运用 CS 理论简化造价计算工作量的应用步骤如下:首先,对选出的工程量清单进行整理,并对其进行时间调整和系数调整,挑选出同类工程;然后,从同类已完工程工程量清单项目中挑选出 CSIs,计算出各个同类工程的显著性项目造价(CSIs 造价)和显著性因子(CSF),并求出显著性因子的均值,并把同类工程的显著性因子均值作为待建工程的显著性因子的估计值;最后,计算待建工程的投资估算造价,待建工程的投资估算造价等于 CSIs 造价与显著性因子均值的比值。

1. 同类工程的确定及对其进行时间调整和系数调整

建筑工程项目本身所具有的单件性、一次性的特点,这就决定了基本上不会存在两个完全相同的建筑工程项目。但是,在众多工程中却存在着某种程度的相似性,即,在工程特征上存在着相似性,比如工程的规模、采用的施工方法、使用的主要工程机械、工程结构类型等能表示工程特点。

国外研究表明:同类项目的工程量清单中具有几乎相同的 CSIs。虽然不同的工程量清单中,CSIs 不可能完全一样,但在同类工程 CSIs 存在大量相似之处。所以,工程量清单应该分门别类地选择,应当着眼于同类工程或者类似工程 。把具有相似的工程特征、相似的 CSIs、可以采用同一 CSF 的工程叫做同类工程。CS理论的验证和 CSIs 模型就是建立在建筑工程特征相似的基础上。

由于每项工程建造的时间和地点都不同,而建设时间地点的不同会对工程造价产生一定的影响,因此在进行建模之前就需要对工程造价分别进行时间调整和地域调整。调整的方法为:单价(分部分项工程单价)×时间调整系数×地域调整系数。

时间调整可以采用有关部门颁布的造价指数,但是造价指数是对所有工程而言,可能误差比较大,我们可以按下式计算同类工程的造价指数 α:

$$\alpha = \frac{\sum_{i=1}^{n} D_{ri} \times P_{ri}}{\sum_{i=1}^{m} D_{0i} \times P_{0i}} \tag{3.4}$$

式中 D_{ri} ——报告期同类工程单价(分部分项工程单价);

P_{ri} ——权重,计算公式为 $P_{ri} = \dfrac{G_{ri}}{\sum_{i=1}^{n} G_{ri}}$,其中 G_{ri} 为同类工

程的工程量;

D_{0i}，P_{0i}——基期同类工程单价（分部分项工程单价）和权重。

地域调整系数的计算可以采用有关部门颁布的地区差价系数，例如各地工程造价协会定期会发布不同地区的工程造价比价，也可以按下列公式计算同类工程的地区差价 β：

$$\beta = \frac{\sum\limits_{i=1}^{n} D_{ri} \times P_{ri}}{\sum\limits_{i=1}^{m} D_{0i} \times P_{0i}} \qquad (3.5)$$

式中 D_{ri}——本地同类工程单价（分部分项工程单价）；

P_{ri}——权重，计算公式为 $P_{ri} = \dfrac{G_{ri}}{\sum\limits_{i=1}^{n} G_{ri}}$，其中 G_{ri} 为同类工

程的工程量；

D_{0i}，P_{0i}——其他地区同类工程单价（分部分项工程单价）和
权重。

2. 运用 CS 理论简化 WLC 模型

把运用 CS 理论寻找 CSIs 的方法运用于 WLC 中，（WLCS 模型）可大大简化 WLC 计算程序，有如下全生命显著性造价公式：

$$NPV_j = \frac{1}{CSF} \sum_{i=1}^{n} \sum_{i=1}^{T} C_{(csi)ji}(1+d)^{-t} - D(1+d_D)^{-T}$$

$$(3.6)$$

式中 $C_{(csi)ji}$——第 j 方案第 i 项建造成本、运营维护成本的显著
性成本；

T——从可行性研究开始到弃置的整个项目分析期；

d——期望年折现率；

D——弃置收益减去弃置成本的净值；

CSF——显著性因子（Cost Significant Factor）（不同项目
类型为不同常数）；

n——项目分析期成本显著"分项"的数目；

NPV——备选方案 j 项目分析期全生命周期造价的现值

之和。

　　所谓全生命显著性造价(WLCS)是一种在投资决策阶段估算全生命周期造价的方法。就是把显著性成本理论运用到全生命周期造价中,首先用 CS 理论提取出 CSIs,并计算出 CSIs 的造价即显著性项目造价和显著性因子,然后用拟建工程项目的显著性项目造价除以显著性因子得出拟建项目的全生命周期造价。其中,由于同类工程几乎具有一样的 CSIs 和 CSF,所以在对拟建工程进行估算时可以直接把已完同类工程的显著性项目作为拟建工程的显著性项目。显著性因子的得出是根据已完同类工程的历史数据,在统计出每项工程的显著性因子之后得出的一个平均值,在对拟建工程进行估算时可以直接应用。运用全生命显著性造价的估算可以极大地降低计算的工作量,同时还可以提高估算的准确度。

第4章 粗糙集(RS)在 WLCS 中的研究与应用

　　全生命周期造价管理模式实行后使得整个系统变得更为复杂,需要处理的信息迅速增加,激增的数据背后隐藏着许多重要的工程信息,人们希望能够更好地利用这些数据以便对其进行更高层次的分析。面对大量的、不完全的、有噪声的、模糊的数据,传统分析和处理信息的方式已经远远不能满足实际的需要。迫切地需要一种智能地、自动地把数据转换成有用信息的技术和工具,提取隐含在其中的未知的并具潜在可用的模式的过程,进行深层次的数据挖掘,以全面地分析各种因素之间隐藏的内在联系,这对于全生命周期造价与控制的具体实施有着重要的意义。粗糙集理论是一种新的软计算数学工具,利用它可以从数据中获取有用的知识。由于其思想新颖、方法独特,该理论已成为一种重要的智能信息处理技术,在智能信息处理的诸多领域,如决策分析、机器学习、数据挖掘、模式识别等,获得了广泛的应用。粗糙集理论和方法是处理不确定性复杂信息数据系统的有效方法,它的主要优点是无需提供问题所需处理的数据以外的任何先验信息,拟将该方法首次引入工程造价信息数据处理系统,进行深入的复杂系统信息挖掘和知识发现技术方法研究,以达到准确预测和有效控制拟建工程造价的目的及其他处理不确定性问题的非线性理论和方法形成强有力的优势互补性,以形成完整的、拟合度和准确性强的工程造价数据挖掘预测方法体系。本书拟用粗糙集理论在全生命显著性造价过程中进行数据挖掘,从大量的数据中提取出有用的信息,删除冗余数据,客观地确定工程特征,寻找类似工程,利用变精度粗糙集进一步深层次地挖掘类似工程,计算显著性项目及显著性因子,建立粗糙集机器学习预测模型,实验证明了其可行性。建立粗糙集-神经网络模型，并对估算性能进行分析，基于粗糙集理论和神经网络的造价估算方法充分发挥了这两种技术的优点，通过粗糙集方法对样本特征参数进行属性约简，优化组合属性指标，使ANN的训练学习速度加快。试验结果表明：该方法可以有效提高造价投资估算的精度和效率。

4.1　粗糙集理论(RS)基础

作为人工智能领域中一种新方法——粗糙集(Rough Set,简称 RS)理论，是继概率论、模糊集理论、证据理论之后又一种处理不确定性信息的数学方法。这一理论能有效分析和处理不精确、不完整和不一致等各种不完备数据，并从中发现隐含知识，揭示潜在规律。其优点是无需提供问题所需处理的数据集合之外的任何先验知识，完全从数据中得到规律或其他结论，真正实现了"让数据自己说话"，并且与处理其他不确定性问题的理论有很强的互补性。

20 世纪 80 年代末至 90 年代初，由于该理论在人工智能领域得到成功的应用，特别是 1991 年 Pawlak 出版了粗糙集的第一本专著，粗糙集理论引起了世界各国学者的广泛注意。经过许多学者的不懈研究，粗糙集在理论上不断完善，在应用上广泛扩展，得到迅速发展。目前，粗糙集理论与神经网络、演化计算、模糊系统及混沌系统一起被公认为人工智能的五大新兴技术。粗糙集理论不仅为信息科学和认知科学提供了新科学逻辑和研究方法，而且为智能信息处理提供了有效处理技术。粗糙集理论方法模拟人类抽象逻辑思维，粗糙集理论方法以各种更接近人们对事物描述方式的定性、定量或者混合性信息为输入，作为人类抽象思维模拟，粗糙集理论通过对数据集约简，浓缩蕴涵在其中的逻辑规则，用于推理或预测。粗糙集知识获取过程，实质上是基于实例的归纳推理。知识的验证和精化，使基于粗糙集的决策规则难以脱离演绎推理和常识推理。而归纳推理、演绎推理和常识推理是人类逻辑思想的二种基本形式。从这个意义上讲，粗糙集决策表建模覆盖了逻辑推理大部分内容。

经过近 30 年的发展,粗糙集理论取得了进一步的发展和丰富,粗糙集的模型由最初 Pawlak 创立的标准粗糙集模型,演变出了各种形式的变形和推广。推广的角度不同,所得到的广义模型也不相同。粗糙集理论自身的扩展以及与其他理论相结合,产生了诸如变精度粗糙集、粗糙模糊集、模糊粗糙集、贝叶斯粗糙集,粗糙神经网络,基于随机集的粗糙集,不完备信息系统的粗糙集,概率粗糙集,以及现在的双论域粗糙集,S 型奇异粗糙集,基于粒度的粗糙集等等,已在诸多领域得到应用。

4.1.1　近似空间与不可区分关系

近似空间(Approximate Space):设 U 为所讨论对象的非空有限集合,称为论域;R 为建立在 U 上的一个等价关系,称二元有序组 $AS=(U,R)$ 为近似空间(Approximate Space)。

等价关系族:近似空间构成论域 U 的一个划分,若 R 是 U 上的一个等价关系,以 $[x]_R$ 表示 x 的 R 等价类,U/R 表示 R 的所有等价类构成的集合,即商集;R 的所有等价类构成 U 的一个划分,划分块与等价类相对应,等价关系组成的集合为等价关系族。

不可区分关系:令 R 为等价关系族,设 $P \subseteq R$,且 $P \neq \varnothing$,则 P 中所有等价关系的交集称为 P 上的不可区分关系,记作 $\mathrm{IND}(P)$,即有: $[x]_{\mathrm{IND}(P)} = \bigcap_{R \in P} [x]_R$,不可区分关系是 Pawlak 粗糙集理论中最基本的概念。

若 $\langle x, y \rangle \in \mathrm{IND}(P)$,则称对象 x 与 y 是不可区分的,即 x、y 存在于不可区分关系 $\mathrm{IND}(P)$ 的同一个等价类中。依据等价关系族 P 形成的分类知识,x、y 无法区分。$U/\mathrm{IND}(P)$ 中的各等价类称为 P 基本集。

4.1.2　RS 定义

定义:设集合 $X \subseteq U$,R 是一个等价关系,称 $RX = \{x \mid x \in$

U,且$[x]_R \subseteq X$}为集合 X 的 R 下近似集;称$\overline{R}X = \{x \mid x \in U,$且 $[x]_R \bigcap X \neq \varnothing\}$ 为集合 X 的 R 上近似集。称集合 $\mathrm{BN}_R(X)$ $= \overline{R}X - \underline{R}X$ 为 X 的 R 边界域;称 $\mathrm{POS}_R(X) = \underline{R}X$ 为 X 的 R 正域; 称 $\mathrm{NEG}_R(X) = U - \overline{R}X$ 为 X 的 R 负域。用图 4-1 表示更加直观。

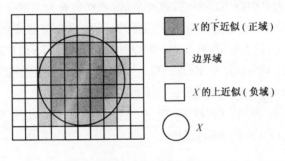

图 4-1　RS 示意图

当 $\mathrm{BN}_R(X) = \varnothing$ 时,即 $\overline{R}X = \underline{R}X$,称 X 是 R 精确集;当 $\mathrm{BN}_R(X) \neq \varnothing$ 时,即 $\overline{R}X \neq \underline{R}X$,称 X 是 R 粗糙集。

定义:由等价关系 R 定义的集合 X 的近似精度为:$\alpha_R(X) = \dfrac{|\underline{R}X|}{|\overline{R}X|}$,其中 $X \neq \varnothing$,$|X|$ 表示集合 X 的基数,显然有 $0 \leqslant \alpha_R(X) \leqslant 1$。直观地理解 $\alpha_R(X)$,反映了知识 U/R 近似表示 X 的完全程度。如图 4-1 所示,下近似占上近似的比例就是近似精度。很显然,当 $\alpha_R(X) = 1$ 时,X 是 R 的精确集;当 $0 \leqslant \alpha_R(X) < 1$ 时,X 是 R 的粗糙集。

4.1.3　相对约简和相对核

在应用中,一个分类(知识)相对于另一个分类(知识)的关系十分重要,因此需要引入知识的相对约简和相对核的概念。

定义：设 P 和 Q 为论域上的等价关系，Q 的 P 正域记作 $\text{POS}_P(Q)$

$$\text{POS}_P(Q) = \bigcup_{X \in U/Q} \underline{P} X$$

定义：设 P 和 Q 为论域上的等价关系族，$R \in P$，若有

$$\text{POS}_{\text{IND}(P)}(\text{IND}(Q)) = \text{POS}_{\text{IND}(P-\{R\})}(\text{IND}(Q))$$

则称 R 为 P 中 Q 不必要的，或冗余的，否则称 R 为 P 中 Q 必要的。若 P 中的任一关系 R 都是 Q 必要的，则称 P 为 Q 独立的。

定义：设 $S \subseteq P$，称 S 为 P 的 Q 约简，当且仅当 S 是 P 的 Q 独立子族，且 $\text{POS}_S(Q) = \text{POS}_P(Q)$。$P$ 中所有 Q 必要的原始关系构成的集合称为 P 的 Q 核，记作 $\text{CORE}_Q(P)$。

定理：P 的 Q 核等于 P 的所有 Q 约简的交集，即 $\text{CORE}_Q(P) = \bigcap \text{RED}_Q(P)$。

4.1.4　属性的重要度

设 $K = (U, R)$ 是一个知识库，且 $P, Q \subseteq R$。当

$$k = \gamma_P(Q) = |\text{POS}_P(Q)| / |U|$$

时，称知识 Q 是以 $k (0 \leqslant k \leqslant 1)$ 度依赖于知识 P 的，记作 $P \Rightarrow_k Q$，k 也称为依赖度。

设决策表 $S = (U, A, V_A, f)$，$C \cup D = A$，$C \cap D = \varnothing$，$C = \{c_1, c_2, \cdots, c_k\}$ 为条件属性集，D 为决策属性集，则任一个条件属性 $c_i \in C$ 关于 D 的重要度定义为：

$$\sigma_{CD}(c_i) = \gamma_C(D) - \gamma_{C-\{c_i\}}(D)$$

式中，$\gamma_C(D)$ 是决策属性集 D 依赖于条件属性集 C 的依赖度，$\gamma_{C-\{c_i\}}(D)$ 是决策属性集 D 对于集合 $C - \{c_i\}$ 的依赖度。

4.1.5　提取决策规则

对于决策表而言，最主要的任务就是决策规则的提取。所谓决策规则有如下定义：给定一个决策表 $DT = (U, C \cup D, V, f)$，令 $X \in U/\text{IND}(C)$，$Y \in U/\text{IND}(D)$，$\forall x \in X$，$des(X) =$

$\bigwedge\limits_{\forall a \in C}(\alpha, \alpha(x))$ 表示等价类 X 的描述；$\forall y \in Y$，$des(Y) =$ $\bigwedge\limits_{\forall \beta \in D}(\beta, \beta(x))$ 表示等价类 X 的描述，则定义 $r:des(X) \rightarrow des(Y)$，$Y \bigcap X \neq \varnothing$ 为从 X 到 Y 的决策规则。

任何一个决策表可以看作是一组"If... Then..."决策规则。当条件能唯一决定决策时，则该条规则是决定性的，否则是非决定性的；当所有的条件能唯一决定决策时，则该决策表是相容决策表。

4.1.6　RS 属性值的离散化

设一个决策信息表，其值域为连续量，$S = (U, A, V_A, f)$，$A = C \bigcup D$，$C \bigcap D = \varnothing$，$C$ 为条件属性集，D 为决策属性集，$U = \{x_1, x_2, \cdots, x_n\}$ 是由有限个对象（样本或实例）组成的集合，即论域，$f:U \times A \rightarrow V_A$ 为信息函数和值域。对于属性集中的任意属性 $a \in A$，V_a 是其值域集合，将 V_a 中的值以升序排列后，其值域集合变为：

$$V_a = \{v_1^a, v_2^a, \cdots, v_n^a\}$$

式中，$v_1^a < v_2^a < \cdots < v_n^a$。

由此可设属性 a 的值域 $V_a = [l_a, r_a] \subset \mathbf{R}$（$\mathbf{R}$ 为实数集），则有 $l_a = v_1^a$，$r_a = v_n^a$。

设任意的 (a, c)，其中 $a \in A$，$c \in V_a = [l_a, r_a]$，称 c 为 V_a 上的一个断点。设 $V_a = [l_a, r_a] \subset \mathbf{R}$ 上的一个任意断点集合为 $\{(a, c_1^a), (a, c_2^a), \cdots, (a, c_{k_a}^a)\}$，并定义了一个分类 P_a，则有

$$P_a = \{[c_0^a, c_1^a), [c_1^a, c_2^a), \cdots, [c_{k_a}^a, c_{k_a+1}^a]\}$$

$$l_a = c_0^a < c_1^a < c_2^a < \cdots < c_{k_a}^a < c_{k_a+1}^a = r_a$$

$$V_a = [c_0^a, c_1^a) \bigcup [c_1^a, c_2^a) \bigcup \cdots \bigcup [c_{k_a}^a, c_{k_a+1}^a]$$

因此，任意的 $P = \bigcup_{a \in A} P_a$ 定义了一个新的决策表。

$$S^P = (U, A, V^P, f^P)$$

$$f^P(x_a) = i \Leftrightarrow f(x_a) \in [c_i^a, c_{i+1}^a)$$

对于 $x \in U$，$i \in \{0, 1, \cdots, k_a\}$，即经离散化后，决策信息表（信息系统）由一个新的决策信息表所代替。

对任意属性 a 的值域 $V_a = [l_a, r_a] \subset R$ 的离散化,就是在闭区间 $[l_a, r_a]$ 上选取 k_a 个确定的数(断点),断点将 $[l_a, r_a]$ 划分成 $k_a + 1$ 个连续的小区间,然后用 $i \in \{0, 1, \cdots, k_a\}$ 分别对应赋值,表示这 $k_a + 1$ 个区间,若属性 a 的值域集合 $V_a = \{v_1^a, v_2^a, \cdots, v_n^a\}$ 中的某个值落入某个小区间,则该值就用小区间所对应的离散赋值码表示,若决策信息表中离散化完毕所有属性的值域,则决策信息表就称为离散化的决策信息表。

4.1.7 RS 信息表的完备性

设信息表 $S = (U, A, V_A, f)$,$a \in A$ 为任一属性,$f: U \times A \to V_A = \bigcup_{a \in A} V_a$ 是一个信息函数及所对应的值域集合,若存在 $x \in U$,$a \in A$,$f(x, a) = \varnothing$(空值),则称信息表 S 是一个不完备的信息表,否则称信息表 S 是完备的。为了方便,一般用"$*$"表示空集(空值)。

在实际问题所构成的信息表中,往往有些实例对象上的某些属性(特征)值是未知的。造成这一结果的原因是多方面的,其一为采集数据过程中造成的数据丢失,比如传输媒体的故障或者环境限制,以及一些人为的失误等;其二是被研究的系统中根本就不存在这些未知的值。对于将来可得到丢失数据的信息表有两种方法可以对它们进行补齐,一种是通过进一步观察或实验得到丢失值,另一种是人为地通过一些算法进行补齐。属性值部分未知的决策表称为不完备的信息表。

4.2 基于 RS 的工程特征提取

工程特征就是指能表示工程特点,且能反映工程的主要成本构成的重要因素。前期工程特征类目的选取会直接地影响到后期造价投资估算的精度和效率,所以研究工程特征类目的选取方法是十分必要的。工程特性的确定本身是一个相对复杂的决策过程,由于影响因素多种多样,并且在这些因素间还存在彼此制约或相互依赖的关系,很多因素既难以确定,又难以定量估计,因此需要采用科学的决策方法,作出较优的决策。各特征指标的在本系统中的影响程度是决定选取结果准确性的重要因素,以往的工程特征的选取,大多是根据专家的经验或者参照历史工程资料的统计和分析来选取,具有一定的主观性。为了准确客观地计算影响造价的各个工程特征的影响程度,本书尝试性地将粗糙集理论运用到工程特性的提取问题中,提出了系统化的工程特性确定的粗糙集方法。应用粗糙集理论对原始数据进行挖掘,在实测数据离散化的基础上,将各特征影响度确定问题转化为粗糙集中的属性约简问题,通过粗糙集的属性约简,去除在本系统中影响程度小的属性,从而提取出影响程度较大的工程特征。经过属性值特征化,建立了关于工程特征类目选择的关系数据模型知识系统。该方法克服了传统工程特征确定方法的主观性,使得工程特征类目的选取更具客观性,发挥了粗糙集的优势,真正实现了"让数据自己说话",从而提高了造价投资估算的精度和效率,实例说明该方法合理有效。

4.2.1　建立基于 RS 的工程特征类目选取模型

系统建模要找出造价系统输入和输出之间的对应(或映射)关系。在工程特征类目系统中,决策信息表就反映出工程特征条件属性集及其值域和工程特征决策属性集及其值域之间的对应关系,利用 RS 实现系统的建模如下。

系统如图 4-2 所示,设有 p 个输入和一个输出。

图 4-2 中,$x_1,x_2,\cdots,$ x_p 为 p 个输入变量,这些变量组成一个 p 维向量,即 $\boldsymbol{x}=[x_1,x_2,\cdots,x_p]^{\mathrm{T}}$,称

图 4-2　RS 建模图

$\boldsymbol{x}=\{x_1,x_2,\cdots,x_p\}$ 为系统的输入集合,而 y 为系统的输出。通过分析大量的工程量清单,对系统的输入输出变量进行测量后,得到关于系统的原始数据集合(样本)模型,即

$$\begin{cases} x_{11}, x_{21}, \cdots, x_{p1}, y_{11} \\ x_{12}, x_{22}, \cdots, x_{p2}, y_{12} \\ \vdots \\ x_{1n}, x_{2n}, \cdots, x_{pn}, y_{1n} \end{cases} \qquad (4.1)$$

式中，$\{x_{ij}\}$为条件属性集合，$\{y_{ij}\}$为决策属性集合。

根据 RS 的基本思想结合工程特征，系统给出系统建模的基本步骤：

第一步：建立原始的工程特征决策表

RS 意义下的决策信息表能反映出工程特征系统输入输出的某种影射关系，首先，将原始工程特征决策表中已完工程数据进行调整，消除时间、地区等差别，可以按式(3.4)计算同类工程的造价指数 α。

地域调整系数的计算公式 β 见式(3.5)。

对原始工程特征数据差异调整完毕后，可建立一个关于工程特征系统的决策信息表，即：

$$M = (U, C, D, V_C, V_D, f) \qquad (4.2)$$

第二步：完备化工程特征决策表

在用 RS 对决策表进行运算处理时，决策信息表中的值必须用离散的数据形式(如整数型、字符串型、枚举型)来表达。利用离散化方法对决策表 M 进行离散化处理，得到一个离散化的决策信息表，即

$$dM = (U, C, D, dV_C, dV_D, df)，\qquad (4.3)$$

式中，dV_C 和 dV_D 分别为条件属性集 C 和决策属性集 D 的值域离散化后的离散码的码域，$df : U \times (C \cup D) \to (dV_C \cup dV_D)$ 是赋值函数。

设信息表 $S = (U, A, V_A, f)$，$a \in A$ 为任一属性，$f : U \times A \to V_A = \bigcup_{a \in A} V_a$ 是一个信息函数及所对应的值域集合，若存在 $x \in U$，$a \in A, f(x, a) = \varnothing$，则称信息表 S 是一个不完备的信息表。

在实际的工程量清单表中，由于数据采集的误差或者人为错误往往有些属性值是得不到的，造价系统中变量大多都是连续变化的，即，得到的原始工程数据规则集不能覆盖整个由条件属性的

值域所决定的决策域。出现这种情况,必须对表中数据进行完备化处理,可通过反复试验收集,或者采用一些完备化算法进行补齐完备化处理。

可得到系统的第 j 个输出关于输入的粗糙集模型的决策规则集,即

$$DR_j = (U', C', d_j, V_{C'}, V_{d_j}, f_j') , \qquad (4.4)$$

第三步:对原始的工程特征决策表 M 进行离散化处理

工程特征决策表必须经过离散化之后,才能利用粗糙集进行处理,其工程特征属性值离散化方法如下:

设一个决策信息表,其值域为连续量,$S = (U, A, V_A, f)$,$A = C \bigcup D, C \bigcap D = \emptyset, C$ 为条件属性集,D 为决策属性集,$U = \{x_1, x_2, \cdots, x_n\}$,$f: U \times A \to V_A f: U \times A \to V_A$ 为信息函数和值域,对于 $a \in A, V_a$ 是值域集合,将 V_a 中的值以升序排列后,其值域集合变为:

$$V_a = \{v_1^a, v_2^a, \cdots, v_n^a\}$$

式中,$v_1^a < v_2^a < \cdots < v_n^a$。

由此可设属性 a 的值域 $V_a = [l_a, r_a] \subset \mathbf{R}(\mathbf{R}$ 为实数集),则有 $l_a = v_1^a, r_a = v_n^a$。

设任意的 (a, c),其中 $a \in A, c \in V_a = [l_a, r_a]$,称 c 为 V_a 上的一个断点。设 $V_a = [l_a, r_a] \subset \mathbf{R}$ 上的一个任意断点集合为 $\{(a, c_1^a), (a, c_2^a), \cdots, (a, c_{k_a}^a)\}$,并定义了一个分类 P_a,则有

$$P_a = \{[c_0^a, c_1^a), [c_1^a, c_2^a), \cdots, [c_{k_a}^a, c_{k_a+1}^a]\}$$

$$l_a = c_0^a < c_1^a < c_2^a < \cdots < c_{k_a}^a < c_{k_a+1}^a = r_a$$

$$V_a = [c_0^a, c_1^a) \bigcup [c_1^a, c_2^a) \bigcup \cdots \bigcup [c_{k_a}^a, c_{k_a+1}^a]$$

因此,任意的 $P = \bigcup_{a \in A} P_a$ 定义了一个新的决策表。

$$S^P = (U, A, V^P, f^P)$$

$$f^P(x_a) = i \Leftrightarrow f(x_a) \in [c_i^a, c_{i+1}^a)$$

对于 $x \in U, i \in \{0, 1, \cdots, k_a\}$,即经离散化后,决策信息表(信息系统)由一个新的决策信息表所代替。

对任意属性 a 的值域,$V_a = [l_a, r_a] \subset \mathbf{R}$ 的离散化,就是在闭

区间 $[l_a, r_a]$ 上选取 k_a 个确定的数（断点），断点将 $[l_a, r_a]$ 划分成 $k_a + 1$ 个连续的小区间，以 $i \in \{0, 1, \cdots, k_a\}$ 分别对应赋值，表示这 $k_a + 1$ 个区间，则该表称为离散化决策信息表。

利用离散化方法对决策表 M 进行离散化处理，得到一个离散化的决策信息表，即

$$dM = (U, C, D, dV_C, dV_D, df) \tag{4.5}$$

式中，dV_C 和 dV_D 分别为属性集的码域，$df:U \times (C \cup D) \to (dV_C \cup dV_D)$ 是赋值函数。

第四步：判断决策表的相容性

不相容的决策表由于存在着规则的冲突是不能作决策的，根据决策表的定义，决策表分成两类：第一类决策表是一致的，当且仅当 D 依赖于 C，即 $C \Rightarrow D$，即研究对象具有相同的条件属性值描述，决策属性值（结果）也相同；第二类决策表是不一致的。可以应用 $POS_R(X) = U$ 来判断决策表的相容性。即如果决策属性对条件属性的下近似等于全集时，该决策表是相容的，否则是不相容的。对不相容表可以考虑分成完全一致表和完全不一致表两个子表来处理。

第五步：对离散的工程特征决策表 $dM_j (j = 1, \cdots, q)$ 进行约简

根据 RS 相对约简算法，求出第 j 个决策信息表中各条件属性相对于第 j 个决策属性 d_j 的相对约简，去掉冗余的工程属性。

相对约简算法如下：

设 P 和 Q 为论域上的等价关系，Q 的 P 正域记作 $POS_P(Q)$：

$$POS_P(Q) = \bigcup_{X \in U/Q} PX$$

设 P 和 Q 为论域上的等价关系族，$R \in P$，若有

$$POS_{IND(P)}(IND(Q)) = POS_{IND(P-\{R\})}(IND(Q))$$

则称 R 为 P 中 Q 不必要的，或冗余的。

将第 j 个决策信息表约简成决策表，即

$$dM_j{}' = (U, C', d_j, dV_{C'}, dV_{d_j}, df_j{}') \tag{4.6}$$

式中，$C' \subseteq C, j = 1, \cdots, q$。

在原始的信息决策表构建中,条件属性和决策属性作为输入输出一一对应,在用粗糙集约简前,初步认为决策表中,各个属性均为有效属性,即,在本信息系统中均是有价值的属性,之后,利用粗糙集约简算法,约简掉在本信息系统中冗余的噪声数据,约简完毕后的数据均可认为在工程特征信息系统中是必要的,有效的,不可约简的数据。

基于 RS 应用的流程图如图 4-3 所示。

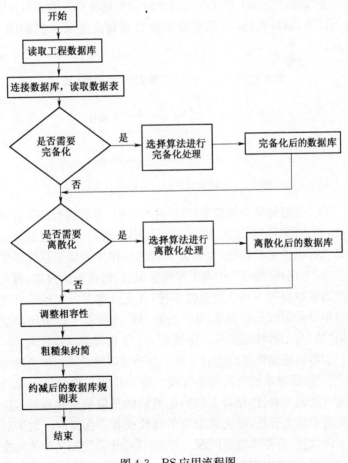

图 4-3　RS 应用流程图

4.2.2 实例与仿真

本书以高速公路的路基工程为例,依据交通部《公路工程国内招标文件范本》和住建部部《建设工程工程量清单计价规范》编制而成的公路工程工程量清单计量规则为依据,将工程量清单中的项目以相应规范中的条目进行标注,力求做到标准化、统一化。通过对历史路基工程的工程量清单数据的收集、整理,分析出不同工程特征数据。公路工程工程量清单计量规则项目号的编写分别按项、目、节、细目表达,工程量清单细目号对应方式示例如图 4-4 所示。

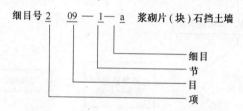

图 4-4　工程量清单细目号对应方式示例

为了更好地结合粗糙集(RS)进行分析,考虑到粗糙集自身的特点,如选用"目"作为工程特征类目,则范围太大,即便是通过粗糙集选择出了工程特征,也失去了对之后作为类似工程选择依据的意义;如选用"细目"作为工程特征类目,则范围太狭隘,很可能以此为依据而找不到任何类似工程,在充分考虑了工程造价工程量清单计价模式和粗糙集(RS)的特点后选择以工程量清单细目中的"节"为工程特征类目。详见表 4-1 工程量清单特征表。

工程特征属性选择的意义在于准确客观地计算影响造价的各个"节"特征在系统内的影响程度。克服传统工程特征专家经验确定方法的主观性,使得工程特征类目的选取更具客观性,从粗糙集的角度去分析,即去除多余的属性或者干扰属性。如果对属性不做选择,会带来许多问题。首先,在全生命周期造价的实施过程中,实际的数据挖掘和信息融合系统所处理的数据是非常庞杂的,从海量数据中挖掘出有用的信息是比较困难的;并且,大量的数据所携带的信息并不都是对决策有用的。因此,去掉无关的和冗余的数据,筛选出有用的数据是数据处理很重要的步骤;而且,多余的属性或者干扰属性会增加分类算法的复杂性,有时会导致以工程特征为依据寻找类似工程的效率急剧下降。

第一步:原始连续量决策信息表的获取和预处理

因为工程量清单属于保密资料,所以本书仅将作为研究对象的工程量清单进行编号,而不列出实际公路施工段工程名称。将已完工程项目数据按造价系数、地区价差系数调整。首先根据公式(3.4)消除时间差别,然后将同一时间的数据乘以地区调整系数(见公式(3.5))消除地区差别,进一步剔除冗余数据。运营维护成本将按初始成本所占总造价的比例,进行分摊与合并,运营维护成本的计入反映了全生命周期造价的理念,经调整计算后得到的工程实例数据信息表详见表4-2。

第二步:连续量决策表的完备化处理

根据实际情况,由于决策表中的数据均来自实际的工程量清单,对每个对象下的所有属性及属性值经过整理、分析、处理,信息表中没有空值存在,都是已知的,该原始决策信息表是完备的,则可省略决策表的完备化处理这一步。

第三步:对原始的决策信息表 M 进行离散化处理

如果决策信息表中的某些条件属性或决策属性的值域为连续值(如浮点型),在处理前必须进行离散化(Discretization)处理。由实际工程量清单数据所建立的原始决策信息表的属性值的值域通常是连续量,所以要对原始决策信息表属性值的值域进行离散化,本节使用等频离散化方法进行离散计算。

等频离散化方法分别介绍如下:

设在值域 V_a 上有 n 个原始的离散值,由给定参数 k 把这 n 个离散值分成 $k+1$ 段,每段有 $n/(k+1)$ 个离散值,则断点 c_j^a 的确定方法如下:

对于任意属性 a,以值升序集合表示它的值域,即

表 4-1 工程量清单特征表

清单号	目名	工程特征							
202	场地清理	清理与掘除	挖除旧路面	拆除结构物	null				
203	挖方路基	路基挖方	改路,改河,改渠	借土挖方	null				
204	填方路基	路基填筑	改路,改河,改渠	结构物台背回填及锥坡填筑	null				
205	特殊地区路基处理	软土地基处理	滑坡处理	岩溶洞回填	改良土	黄土处理	盐渍土处理	null	
207	坡面排水	边沟	排水沟	截水沟	砌片石急流槽	路基渗(盲)沟	涵洞上下游,改沟,铺砌	暗沟	通道排水
208	边坡防护	坡面植物防护	浆砌片石护坡	预制混凝土块护坡	护面墙	二布一膜复合土工膜	null	null	
209	挡土墙	挡土墙	null						

清单号	项目名称	工程特征				
210	锚杆挡土墙	锚杆挡土墙	null			
211	加筋挡土墙	加筋土挡土墙	null			
212	喷射混凝土和喷浆边坡防护	挂网喷浆混凝土防护边坡	挂网锚喷混凝土防护边坡	null		
213	锚杆及预应力锚索边坡加固	预应力锚索	锚杆	锚固板	null	
214	抗滑桩	混凝土抗滑桩	null			
215	河道防护	浆砌片石河道铺砌	浆砌片石石坝	浆砌片石锥(护)坡	抛片(块)石	null
216	取弃土场恢复	浆砌片石挡土墙	浆砌片石水沟	播种草籽	铺(植)草皮	人工种植乔木	null

注：null 为空。

（单位：元）

表 4-2 实例工程的数据信息表

工程序号	清理与掘除	挖除旧路面	…	挂网喷植生防护	二布一膜复合土工膜	挡土墙	预应力锚索	浆砌片石锥（护）坡	总造价
1	30210	0	…	0	20943	1923340	0	0	16461182
2	0	0	…	0	0	166334	0	0	372997
3	236127	3152	…	280644	0	1220887	0	179321	16851358
4	219631.2	0	…	108359	0	19361.2	0	289718.3	9196058
5	44762	0	…	0	0	0	0	0	6665851
…	…	…	…	…	…	…	…	…	…
12	2654	0	…	0	0	11409	0	0	789856
13	546251	282302	…	0	0	0	0	0	19815306
14	0	0	…	0	0	0	0	0	21115748

$$\begin{cases} a(U) = \{v_1^a, \cdots, v_m^a, v_{m+1}^a, \cdots, v_n^a\} \\ v_1^a = c_0^a, v_n^a = c_{k+1}^a, a \in A, i = 1, 2, \cdots, l \end{cases} \qquad (4.7)$$

设断点 c_j^a 落入值 v_m^a 和值 v_{m+1}^a 之间,则断点 $c_j^a = (v_m^a + v_{m+1}^a)/2$,这样可求出值域 V_a 中的 k 个断点 $(c_1^a, c_2^a, \cdots, c_k^a)$。于是 V_a 就被划分为 $k+1$ 个区间,即 P_a,每个区间用一个离散值来代替。如果 V_a 为决策属性的值域,则同样可以用区间重心法或区间值平均法求出各决策区间的离散值。

利用上述算法求属性的断点集合,结果如表 4-3 所示。

表 4-3　离散决策表

工程量清单目	属性离散码		
	1	2	3
清理与掘除	[* , 13309.5)	[13309.5, 308330.0)	[308330.0, *)
挖除旧路面	[* , 472.13)	[472.13, 2382.79)	[2382.79, *)
拆除结构物	[* , 450.50)	[450.50, 29649.60)	[29649.60, *)
路基挖方	[* , 635531.00)	[635531.00, 2213240.00)	[2213240.00, *)
改路、改河、改渠挖方	[* , 7807.9)	[7807.9, 73807.8)	[73807.8, *)
借土挖方	0	11603	
路基填筑	[* , 555958.00)	[555958.00, 2035040.00)	[2035040.00, *)
改路、改河、改渠填筑	[* , 592)	[592, 152617)	[152617, *)
结构物台背回填及锥坡填筑	[* , 64459.5)	[64459.5, 727665.0)	[727665.0, *)
软土地基处理	[* , 79734.20)	[79734.20, 1216550.00)	[1216550.00, *)
滑坡处理	0	443808	

工程量清单目	属性离散码		
	1	2	3
填挖交界处治	0	139642.5	
黄土处理	［*，19634）	［19634，113904）	［113904，*）
过湿润土处理	［*，97965.7）	［97965.7，3852710.0）	［3852710.0，*）
边沟	［*，10651.00）	［10651.00，511644.00）	［511644.00，*）
排水沟	［*，235805.0）	［235805.0，911194.0）	［911194.0，*）
截水沟	［*，210.00）	［210.00，27574.20）	［27574.20，*）
砌片石急流槽	［*，8387.69）	［8387.69，45519.00）	［45519.00，*）
路基渗（盲）沟	［*，5098.50）	［5098.50，168486.00）	［168486.00，*）
涵洞上下游改沟、铺砌	［*，105）	［105，129234）	［129234，*）
通道排水	［*，2196.5）	［2196.5，16299.0）	［16299.0，*）
坡面植物防护	［*，39213）	［39213，132408）	［132408，*）
浆砌片石护坡	［*，12642.50）	［12642.50，880475.06）	［880475.06，*）
预制混凝土块护坡	［*，256047.00）	［256047.00，663596.00）	［663596.00，*）
护面墙	［*，5367.5）	［5367.5，284289.0）	［284289.0，*）
土工网	［*，20999.20）	［20999.20，345649.00）	［345649.00，*）

工程量清单目	属性离散码		
	1	2	3
挂网喷混植生防护	[＊，54180)	[54180，194502)	[194502，＊)
二布一膜复合土工膜	[＊，10472)	[10472，104152)	[104152，＊)
挡土墙	[＊，5990.0)	[5990.0，414083.0)	[414083.0，＊)
预应力锚索	0	437150	
浆砌片石锥（护）坡	[＊，89660.5)	[89660.5，234520.0)	[234520.0，＊)
总造价	[＊，5462840)	[5462840，18333300)	[18333300，＊)

最终得到的离散化属性表如表 4-4 所示。

表 4-4　离散化表

U	a	b	c	d	e	⋮	G	h	i	⋮	z	aa	ab	ac	ad	ae	D
1	2	1	1	1	1	⋮	3	1	2	⋮	1	1	2	3	1	1	2
2	1	1	1	1	1	⋮	1	1	1	⋮	1	1	1	2	1	1	1
3	2	3	1	2	2	⋮	3	2	1	⋮	3	3	1	3	1	2	2
4	2	1	1	2	1	⋮	2	1	1	⋮	2	2	1	2	1	3	2
5	2	1	1	2	2	⋮	2	2	1	⋮	1	1	1	1	1	1	2
6	1	1	1	1	1	⋮	2	1	1	⋮	1	1	1	1	1	1	1
7	3	2	3	2	3	⋮	3	3	1	⋮	2	1	1	3	1	1	3

U	a	b	c	d	e	⋮	G	h	i	⋮	z	aa	ab	ac	ad	ae	D
8	3	1	2	2	2	⋮	2	3	1	⋮	1	1	1	1	2	1	1
9	3	2	3	3	3	⋮	3	3	3	⋮	1	1	1	2	1	1	3
10	2	1	1	3	2	⋮	2	2	1	⋮	1	3	2	1	1	1	2
11	1	1	1	2	1	⋮	1	1	1	⋮	1	1	3	1	1	1	1
12	1	1	1	2	1	⋮	1	1	1	⋮	1	1	2	1	1	1	1
13	3	3	2	3	3	⋮	3	3	3	⋮	3	1	1	1	1	1	3
14	1	1	1	3	1	⋮	1	2	1	⋮	1	1	1	1	1	1	3

注:a 代表清理与掘除,b 代表挖除旧路面,c 代表拆除结构物,d 代表路基挖方,…,
　　ae 代表浆砌片石锥(护)坡,D 代表项目全生命周期造价。

第四步:判断决策表的相容性

本书应用 $POS_C(D)=U$ 来判断决策表的相容性。即如果决策属性对条件属性的下近似等于全集时,该决策表是相容的,否则是不相容的。

由表 4-4 得:

$IND(C)=\{\{1\}\{2\}\{3\}\{4\}\{5\}\{6\}\{7\}\{8\}\{9\}\{10\}\{11\}\{12\}\{13\}\{14\}\}$

$IND(D)=\{\{1, 3, 4, 5, 10\}\{2, 6, 8, 11, 12\}\{7, 9, 13, 14\}\}$

则　$POS_C(D)=\underset{\forall x \in IND(D)}{U}\underline{C}(x)=\{\{1\}\bigcup\{2\}\bigcup\{3\}\bigcup\{4\}\bigcup\{5\}$ $\bigcup\{6\}\bigcup\{7\}\bigcup\{8\}\bigcup\{9\}\bigcup\{10\}\bigcup\{11\}\bigcup\{12\}\bigcup\{13\}\bigcup\{14\}\}=U$

由于该决策表的决策属性对条件属性的下近似等于全集,所以该表是相容的决策表,可以直接进行属性约简。

第五步:工程特征属性 $dM_j(j=1,\cdots,q)$ 条件属性的约简

在原始工程特征决策信息表的构建过程中,决策属性和系统的输出一一对应,而条件属性是根据工程量清单中的各个“节”类目为工程特征类目所选定的,就是说,初步认为工程量清单中的各个“节”类目特征对决策属性均有影响,即认为系统的输出(对应决策属性,即总造价)是由那些和输入有关的因素(对应条件属性,即

工程量清单中的各个"节"类目特征)所决定的。通过约简运算,在条件属性集中可以去掉那些对决策属性没有影响或影响相对较小的属性,实际上是去掉在选取条件属性时一些不正确或依据较小的假设,从而杜绝了由传统凭主观经验选择工程特征类目不科学的弊端。

根据 RS 属性约简算法,求出决策信息表中第 j 个条件属性相对于第 j 个决策属性 d_j 的相对约简,去掉那些对决策属性 d_j 而言不必要和次要的条件属性,于是我们就将第 j 个决策信息表约简成决策表,即

$$dM_j' = (U, C', d_j, dV_{C'}, dV_{d_j}, df_j') \qquad (4.8)$$

使用粗糙集软件 Rosetta,选择 Genetic Algorithm,经过决策表属性约简,结果如下:

U/IND(a) = {{1, 3, 4, 5, 10} {2, 6, 11, 12, 14} {7, 8, 9, 13}}

U/IND(b) = {{1,2,4,5,6,8,10,11,12,14}{7,9}{3,13}}

U/IND(c) = {{1, 2, 3, 4, 5, 6, 10, 11, 14}{7, 9}{8, 12, 13}}

U/IND(d) = {{1, 2, 6, 11, 12}{3, 4, 5, 7, 8}{9, 10, 13, 14}}

......

U/IND(ac) = {{1, 3, 7, 11}{2, 4, 9, 10, 12}{5, 6, 8, 13, 14}}

U/IND(ad) = {{1, 2, 3, 4, 5, 6, 7, 9, 10, 11, 12, 13, 14}{8}}

U/IND(ae) = {{1, 2, 5, 6, 7, 8, 9, 10, 11, 12, 13, 14}{3}{4}}

Reduct 约简结果为:{F1, F16}{F1, F20}{F1, F18}{F1, F5}{F1, F17}{F7, F16, F18}{F1, F15, F22}{F1, F22, F29}{F2, F17, F21}{F1, F4, F15}{F1, F4, F12}{F1, F8, F15}{F17, F21, F26}{F17, F18, F21}{F1, F15, F25}

{F1，F4，F19}{F1，F19，F29}{F1，F2，F10}{F1，F2，F4}
{F1，F4，F30}{F1，F10，F15}{F10，F17，F21}{F1，F4，
F26}{F1，F7，F15}{F7，F15，F26}{F10，F15，F17}{F10，
F19，F21}{F3，F15，F17}{F15，F17，F25}{F8，F15，F17}
{F3，F15，F23}{F15，F17，F21}{F1，F15，F19}{F8，F17，
F21}{F5，F18，F21}{F5，F7，F15}{F5，F17，F25}{F2，
F5，F21}{F1，F15，F23}{F1，F10，F13}{F18，F19，F21}
{F1，F10，F29}{F15，F23，F29}{F17，F20，F21}{F15，
F23，F26}{F6，F16，F19}{F19，F23，F29}{F8，F17，F29}
{F16，F17，F19}{F17，F19，F21，F30}{F18，F19，F27，
F28}{F17，F21，F24，F27}{F4，F17，F24，F29}{F2，F7，
F21，F29}{F1，F10，F23，F26}{F17，F23，F27，F29}
{F17，F21，F24，F29}{F4，F21，F22，F29}{F4，F17，
F21，F29}{F15，F21，F22 }{F4，F16，F21，F27}{F12，
F17，F21，F24}{F16，F21，F22，F23}{F7，F17，F23，
F30}{F4，F10，F20，F21}{F4，F10，F28，F29}{F1，F3，
F4，F21}{F10，F16，F17，F18}{F17，F21，F22}{F1，F10，
F19，F22}{F1，F4，F13，F29}。

注：F1 代表清理与掘除，F2 代表挖除旧路面，F3 代表拆
除结构物，F4 代表路基挖方，…，F31 代表浆砌片石锥
（护）坡。

经过粗糙集约简处理，在 31 个工程特征中共有 23 个工程
特征可以正确反映工程实际情况。发现其中 F9、F11、F14、
F31 这 4 个属性是冗余的。而剩下的属性是决策信息表中的
有效属性，是作为选择类似工程的特征依据，均不可被约简。
在此，粗集理论解决了两个问题，第一，关键工程特征属性提
取问题。应用粗糙集的属性约简算法避免了主观性，减少了实
例工程中的冗余数据信息。粗糙集理论中的约简计算从信息
提取的角度可以宽泛地理解为属性的选择和压缩。第二，经筛
选后的工程特征为类似工程的选择提供了依据，提高寻找类似

工程的准确性。

4.2.3　本节小结

（1）工程特征的影响程度作为工程特征类目选取中的关键问题，对选取结果的准确性起着举足轻重的作用。为了能更加客观、真实地反映实际工程造价系统情况，本书将粗糙集引入工程特征提取的求解过程中，利用属性值特征化的概念建立了相应的工程信息决策表，通过对工程量清单知识库的整理和约简，删除冗余的条件属性，利用单个影响因素在集合中的影响重要度，计算出各工程特征指标的影响程度，找出对实际工程系统有影响的工程特征类目。（2）粗糙集分析方法仅利用工程量清单数据本身提供的信息，无须任何先验知识，能处理不确定信息，能在保留关键信息的前提下对数据进行化简并求得知识的最小表达，能识别并评估数据之间的依赖关系，该方法较之传统的确定工程特征的方法具有更高的客观性，可以进一步避免主观因素对特征选取结果的影响，使其具有更高的可信度。（3）使用本方法运用到路基工程特征提取，其与常规计算方法相比更接近实际，且更趋于保守和安全，具有较高的推广价值和应用前景。

4.3　RS 在寻找同类工程中的研究与应用

同类工程——所谓同类工程，就是工程特征相似的工程。而工程特征就是指能表示工程特点，且能反映工程的主要成本构成的重要因素，工程特征的选取，应参照第 4.2 章基于粗糙集的工程特征选择来客观确定。

由于建筑工程的单件性，一般不存在两个完全一样的工程，但许多工程之间存在着某种程度的相似性，使用 CSIs 模型是寻找同类工程的又一途径；由于显著性成本项目（CSIs）在数量上应占分部分项工程（Items）总数量比例约 20%。同时又对项目的总造价影响很大（约占 80%），因此我们只需仅仅关注项目中的显著性成本项目,就既能极大简化计算工作量、保证投资估算的精确度、又能以此作为筛选类似工程的依据。但是面对大量的工程量清单,如果依次计算每个工程的显著性项目的情况,显然工作量是巨大的,为此,提出用粗糙集进行两次分类,以第一次分类筛选出的比较粗糙的类似工程为基础,计算各粗糙类似工程的显著性项目,并以此为依据进行第二次深入分类。

按照同类工程的概念,综合上述原因,同类工程大体要满足三个条件:(1)工程特征类似;(2)显著性项目大体一致;(3)总造价类似。

由此,本章选择以工程量清单的"目"作为粗糙集的条件属性,各个"目"下的造价值作为条件属性值,总造价作为决策属性,总造价值作为决策属性值,既能反映工程的成本构成因素,又能保证总造价的类似性,充分结合粗糙集的特点,以此作为粗糙集的第一次分类,来筛选出工程特征、总造价类似的工程,初步选择出粗糙的同类工程来。并结合 CSIs 模型建立关于同类工程选择的关系数据模型,作为粗糙集的二次挖掘分类,以第一次分类后"粗糙的同类工程"为平台,进一步充分挖掘出显著性项目大体一致的工程。经过粗糙集两次分类挖掘后的结果满足了同类工程大体要三个条件:(1)工程特征类似;(2)显著性项目大体一致;(3)总造价类似。

4.3.1　基于 RS 的第一次分类

选择以工程量清单的"目"作为粗糙集的条件属性,即,场地清理、挖方路基、填方路基、特殊地区路基处理、坡面排水、边坡防护、挡土墙、锚杆挡土墙、加筋挡土墙、喷射混凝土和喷浆边坡防护、锚杆及预应力锚索边坡加固、抗滑桩、河道防护、取弃土场恢复。将这 14 个指标分别命名为 F1 、F2、…、F14,决策属性为全生命周期造价,命名为 D。以收集到的 31 个实际工程量清单为依据,根据第 4.2 章 RS 的建模过程,通过数据的预处理、离散化、量化赋值,得到如表 4-5 所示决策表。

表 4-5 第一次分类决策表

U	F1	F2	F3	F4	F5	F6	F7	F8	F9	F10	F11	F12	F13	F14	D
1	2	1	1	1	1	1	2	1	2	1	2	1	2	1	3
2	1	1	1	1	1	1	1	1	1	1	1	1	1	1	1
3	1	3	1	1	1	2	2	3	2	3	1	1	1	3	3
4	1	3	1	1	1	2	1	2	2	1	1	1	2	2	2
5	2	1	2	1	3	1	3	2	1	3	1	1	3	1	1
6	1	1	1	1	1	1	2	1	2	1	2	1	1	2	2
⋮	⋮	⋮	⋮	⋮	⋮	⋮	⋮	⋮	⋮	⋮	⋮	⋮	⋮	⋮	⋮
26	3	2	1	1	1	1	3	2	3	2	3	1	1	1	3
27	1	1	1	1	1	1	3	2	3	2	2	1	3	1	2
28	2	1	1	1	1	1	2	1	2	1	2	1	2	1	3
29	1	1	1	1	1	1	1	2	1	2	2	1	1	1	1
30	1	1	1	1	1	1	1	1	1	1	1	1	1	1	1
31	2	1	1	1	1	1	2	1	2	1	2	1	2	1	3

注:F1 为清理与掘除;F2 为路基挖方;F3 为改河、改渠、改路挖方;F4 为路基填筑;F5 为改路、改河、改渠填筑;F6 为软土地基处理;F7 为护面墙;F8 为 M7.5 浆砌片石护坡;F9 为预应力锚索;F10 为混凝土护坡;F11 为挡土墙;F12 为 M7.5 浆砌片石排水沟;D 为显著性项目造价。

经过粗糙集进行分类结果如图 4-5 所示。

	Eq. class	Cardinality
1	{2, 15, 17, 30}	4
2	{13, 29}	2
3	{6, 22}	2
4	{8, 23}	2
5	{12, 27}	2
6	{9, 24}	2
7	{4}	1
8	{3, 19}	2
9	{1, 7, 10, 14, 16, 18, 20, 25, 28, 31}	10
10	{5, 21}	2
11	{11, 26}	2

图 4-5 粗糙集分类结果图

可见,通过粗糙集可以将 31 个工程分为以下 11 个类,分别为:{2,15,17,30}、{13,29}、{6,22}、{8,23}、{12,27}、{9,24}、

{4}、{3,19}、{1,7,10,14,16,18,20,25,28,31}、{5,21}{11,26}。
其中,如:{1,7,10,14,16,18,20,25,28,31}表示编号分别为1、7、10、14、16、18、20、25、28、31 的工程被分成一组,属于同类工程,形成第一次分类所产生的比较粗糙的同类工程。

4.3.2 基于 RS 的二次分类

以第 9 组粗糙同类工程为例,即{1,7,10,14,16,18,20,25,28,31},根据第 3.2.3 节显著性成本项目确定的方法分别计算出工程编号为 1、7、10、14、16、18、20、25、28、31 的显著性项目造价,显著性成本项目计算结果见表 4-6。

表 4-6 显著性成本项目计算结果

工程序号	项目数 N	CSIs 的内容	CSIs 数 N'	(N'/N)/%
LJ1	22	①路基挖方;②路基填筑;③软土地基处理;④护面墙	4	18.18
LJ7	21	①路基挖方;②改路、改河、改渠填筑;③软土地基处理;④M7.5 浆砌片石护坡	4	19.05
LJ10	26	①改河、改渠、改路挖方;②路基填筑;③软土地基处理;④M7.5 浆砌片石护坡;⑤挡土墙	5	19.23
LJ14	20	①路基挖方;②路基填筑;③软土地基处理;④护面墙	4	20.00
LJ16	23	①路基挖方;②路基填筑;③软土地基处理;④M7.5 浆砌片石护坡;⑤预应力锚索	5	21.74
LJ18	36	①路基挖方;②路基填筑;③软土地基处理;④护面墙;⑤挡土墙;⑥M7.5 浆砌片石护坡;⑦清理与掘除	7	19.44
LJ20	24	①清理与掘除;②路基填筑;③软土地基处理;④混凝土护坡;⑤M7.5 浆砌片石排水沟	5	20.83

工程序号	项目数 N	CSIs 的内容	CSIs 数 N'	$(N'/N)/\%$
LJ25	25	①路基挖方;②路基填筑;③软土地基处理;④M7.5 浆砌片石护坡;⑤清理与掘除	5	20.00
LJ28	19	①路基挖方;②路基填筑;③软土地基处理;④护面墙	4	21.05
LJ31	22	①改路、改河、改渠填筑;②路基挖方;③软土地基处理;④M7.5 浆砌片石护坡	4	18.18

根据运用 CSIs 模型筛选出来的路基工程项目的显著性项目特征作为条件属性,决策属性为显著性项目的总造价。

以第 9 组粗糙同类工程为例,即 $\{1,7,10,14,16,18,20,25,28,31\}$,采用"均值理论"进行显著性成本项目的确定,其步骤如下:

(1)收集工程量清单,并针对地域,时间等差异进行统一化,标准化调整;

(2)计算工程量清单中分部分项工程的造价和工程的造价;

(3)计算 c/N 的比值(N 为项目个数,c 为项目总成本);

(4)大于平均成本的分部分项工程,即为 CSIs;

(5)如果 CSIS 超出 30%,可进行二次平均。

分别计算出工程编号为 1、7、10、14、16、18、20、25、28、31 的显著性项目造价,显著性成本项目计算结果见表 4-6。根据运用 CSIs 模型筛选出来的路基工程项目的显著性项目特征作为条件属性,决策属性为显著性项目的总造价。

根据第 4.2 章 RS 的建模过程,通过对条件属性和决策属性数据的预处理、离散化、量化赋值,就可以根据由表 4-6 筛选出来的显著性成本项目建立二次分类决策表,见表 4-7。

表 4-7 二次分类决策表

U	F1	F2	F3	F4	F5	F6	F7	F8	F9	F10	F11	F12	D
1	0	1	0	0	0	2	3	0	0	0	0	0	1
2	0	2	0	0	2	1	0	1	0	0	0	0	1
3	0	0	1	3	0	2	0	1	0	0	1	0	2
4	0	1	0	0	0	2	3	0	0	0	0	0	1
5	0	2	0	1	0	1	0	1	1	0	0	0	1
6	1	3	0	2	0	2	1	2	0	0	1	0	3
7	1	0	0	3	0	3	0	0	0	1	0	1	2
8	2	0	0	2	0	3	0	2	0	0	0	0	3
9	0	1	0	0	0	2	3	0	0	0	0	0	1
10	0	2	0	0	2	1	0	1	0	0	0	0	1

注:同表 4-5。

经过粗糙集进行分类结果如图 4-6 所示。

	Eq. class	Cardinality
1	{3}	1
2	{1, 4, 9}	3
3	{2, 10}	2
4	{5}	1
5	{7}	1
6	{6}	1
7	{8}	1

图 4-6 粗糙集二次分类结果

可见,通过粗糙集的二次分类,在第一次分类筛选出的 10 个比较粗糙的类似工程基础上,又挖掘出了 2 组具有相同显著性项目的类,分别为:{1,4,9}和{2,10}。对应表 4-6,根据工程序号依次对应为{LJ1,LJ14,LJ28},{LJ7,LJ31}。最终,形成了第二次分类所产生的比较精确的同类工程。

4.3.3 本节小结

在利用粗糙集寻找同类工程的过程中,第一次分类的目的是从大量的工程量清单中选择出总造价和工程特征类似的工程,属于比较粗糙的同类工程,优点是避免了从海量的清单中寻找同类工程的盲目性,简化后计算显著性项目的工作量,基于显著性项目的情况是衡量同类工程的一项重要指标的考虑,所以结合 CSIs 模型建立关于同类工程选择的关系数据模型的二次分类,充分挖掘出具有相似 CSIs 的工程,经过两次分类挖掘,找到了工程特征类似、显著性项目大体一致、总造价类似的工程。粗糙集结合显著性项目理论来寻找同类工程,具有既能从客观上确定同类工程又能极大简化计算工作量的优点。但由于粗糙集自身的特点也带来一定的弊端,离散化方法很重要,采用不同的离散化的方法很可能导致不同的分类结果,目前还没有一个最优的离散化方法可供参考。此外,Pawlak 粗糙集模型的一个局限性是它所处理的分类必须是完全确定的,因而它的分类是精确的,亦即只考虑完全"包含"和"不包含",缺乏对噪声数据的适应能力,由于传统的粗糙集要求过于严格,在实际工程分类时,经常找不到同类工程。

4.4 利用变精度粗糙集(VPRS)进一步深入挖掘类似工程

粗糙集根据已知数据自身的不可分辨关系,通过一对近似算子,对给定概念进行近似表示,是一种数据驱动的方法,本质上不需要任何关于数据和相应问题的先验知识和附加信息,因此特别适合应用于知识发现与数据挖掘领域。但是,Pawlak 粗糙集模型的一个局限性是它所处理的分类必须是完全确定的,因而它的分类是精确的,亦即只考虑完全"包含"和"不包含",而没有某种程度上的"包含"和"属于",缺乏对噪声数据的适应能力,缺乏柔性或鲁棒性,对于边缘区域不能区分等价类与集合的重叠度,导致丢失了许多有用的信息。Pawlak 粗糙集模型的另一个局限性是它所处理的对象是已知的,且从模型中得到的结论仅适用于这些对象。但在实际应用中,往往需要把从小规模对象集中得到的结论应用于大规模对象集。Pawlak 粗糙集模型的局限性限制了它的应用,因为实际工程问题中得到的数据难免存在缺失或噪声干扰，Pawlak 粗糙集模型由于其对数据的过拟合而降低了对对象的预测能力。为了克服这些局限性，ziarko 提出了变精度粗糙集模型（VPRS 模型，即 Variable Preeision Rough Set Model），它是 Pawlak 粗糙集模型的扩展，在这个模型中，给定一个阈值 $\beta(0 \leqslant \beta < 0.5)$，即允许一定程度的错误分类率存在，它可以解决属性间无函数关系的数据分类问题。这一推广在应用上非常重要，它克服了标准粗集模型对数据噪声过于敏感的缺点，因而增强了数据的分析和处理的鲁棒性。目前，变精度粗糙集模型已经在很多领域得到了广泛的应用，将变精度粗糙集（VPRS）用于全生命周期显著性造价（WLCS）数据挖掘目前在国内还没有发现，本书将在 WLCS 中引入 VPRS 进行研究。

4.4.1　Ziarko 变精度粗糙集（VPRS）模型

设 U 为非空有限论域，$X,Y \subseteq U$。令

$$P(X,Y) = \begin{cases} 1 - |X \cap Y|/|X|, & |X| > 0 \\ 0, & |X| = 0 \end{cases} \tag{4.9}$$

式中，$|X|$ 为集合 X 的基数；$P(X,Y)$ 为集合 X 关于集合 Y 的相对错误分类率。

令 $0 \leqslant \beta < 0.5$，β 包含关系 $\overset{\beta}{\supseteq}$ 定义为

$$Y \overset{\beta}{\supseteq} X \Leftrightarrow P(X,Y) \leqslant \beta$$

一般地，称 β 包含关系为多数包含关系。在标准粗糙集模型中，由于 β 取恒定值 0，分类率是确定的，相对于可变精度粗糙集模型，它体现的只是一个特定 β 值的特殊情况。在可变精度粗糙集模型中，β 值的变化直接影响到整个论域的分类，从而影响到分类率的值。

变精度粗糙集上、下近似：

定义：设 (U,R) 为近似空间，$0 \leqslant \beta < 0.5$。对于任意的 $X \subseteq U$，X 关于 (U,R) 的 β 下近似 $\underline{R^\beta}(X)$、β 上近似 $\overline{R^\beta}(X)$ 分别定义为：

$$R^{\beta}(X) = \bigcup \{[x]_R ; P([x]_R, X) \leqslant \beta\}$$
$$\overline{R}^{\beta}(X) = \bigcup \{[x]_R ; P([x]_R, X) < 1 - \beta\} \Bigg\} \quad (4.10)$$

等价定义:

$$\underline{R}^{\beta}(X) = \{x \in U \mid P([x]_R, X) \leqslant \beta\}$$
$$\overline{R}^{\beta}(X) = \{x \in U \mid P([x]_R, X) < 1 - \beta\} \Bigg\}$$

分类精度:

集合的分类精度与错误分类率 β 有关。一般地,定义 $X \subseteq U$ 的 β 精度 $\gamma(R, \beta, X)$ 为:

$$\gamma(R, \beta, X) = |\underline{R}^{\beta}(X)| / |\overline{R}^{\beta}(X)| \quad (4.11)$$

若 $\beta_1 \leqslant \beta_2$,则 $\gamma(R, \beta_1, X) \leqslant \gamma(R, \beta_2, X)$,即随着错误分类率 β 的增加,集合的精度将增加。类似于 Pawlak 粗糙集模型,若 $\gamma(R, \beta, X) = 1$,则称 X 为 β 精确集;若 $\gamma(R, \beta, X) < 1$,则称 X 为 β 粗糙集。显然,X 为 β 精确集,等价于 $\underline{R}^{\beta}(X) = \overline{R}^{\beta}(X)$ 或 $bnr^{\beta}(X) = \varnothing$。

4.4.2 变精度粗糙集(VPRS)在挖掘类似工程中的应用

在寻找类似工程中,由于实际系统中各种因素的影响,收集到的工程量清单数据与其真实值多少都有一些偏差,得到的工程数据不可避免地具有不精确性和不一致性,使测量数据含有干扰和噪声影响;有时由于人为因素或其他因素的影响,通过传统粗糙集使本来应归为一类的工程由于特征属性值数据的微小差别而分为两类,这些有噪声的数据采用传统的粗糙集(RS)方法难以处理,变精度粗糙集(VPRS)理论为处理含噪声、分散性、不精确的数据分类问题提供了严密的数学工具。以收集到的 20 个实际工程量清单为依据,F1、F2、…、F6 为各工程特征,决策属性 D 为总造价,根据第 4.2 章 RS 的建模过程,通过数据的预处理、离散化、量化赋值,得到如表 4-8 所示的决策表。

表 4-8　VPRS 分类决策表

U	F1	F2	F3	F4	F5	F6	D
1	0	2	1	1	1	1	0
2	0	1	4	2	3	1	0
3	0	2	3	1	2	2	0
4	0	4	1	1	2	1	2
5	0	2	4	2	2	2	2
6	1	1	3	1	1	3	0
7	1	3	2	3	2	3	0
8	1	3	1	2	2	2	2
9	2	5	2	3	3	3	1
10	2	2	1	1	3	2	1
11	2	1	5	4	1	2	1
12	2	1	1	2	1	1	1
13	3	3	3	2	3	3	1
14	3	1	1	1	3	3	2
15	4	5	2	5	4	1	1
16	4	2	1	1	1	2	2
17	4	3	5	3	1	4	2
18	4	1	2	5	2	1	2
19	5	2	1	1	5	1	2
20	5	3	4	1	2	4	2

　　由于计算繁琐,在此只计算出属性 F1 的情况,其他属性依次类推:

$U/\mathrm{IND}(F1) = \{\{1,2,3,4,5\}\ \{6,7,8\}\ \{9,10,11,12\}\{13,14\}\ \{15,16,17,18\}\{19,20\}\}$,令 $E_1 = \{1,2,3,4,5\}$,$E_2 = \{6,7,8\}$,$E_3 = \{9,10,11,12\}$,$E_4 = \{13,14\}$,$E_5 = \{15,16,17,18\}$,$E_6 = \{19,20\}$

$U/\mathrm{IND}(D) = \{\{1,2,3\ ,6\ ,7\}\ \{9,10,11,12,13\}\{4,5,8,14,16,$

$17,18,19,20\}\}$

令 $D_1 = \{1,2,3,6,7\}$，$D_2 = \{9,10,11,12,13\}$，$D_3 = \{4,5,8,14,16,17,18,19,20\}$

在图 4-7 中，Universe 为论域，Upper 为 $\overline{R}X$（上近似），Lower 为 $\underline{R}X$（下近似），Boundary 为 $\mathrm{BN}_R(X) = \overline{R}X - \underline{R}X$（边界域），Outside 为 $\mathrm{NEG}R(X) = U - \overline{R}X$（反正域）。根据式（4.10）计算属性的上下近似，根据式（4.11）计算属性的分类精度，具体情况如图 4-7、图 4-8 所示。

	Universe	Upper	Lower	Boundary	Outside
1	{1, 2, 3, 4, 5}	{1, 2, 3, 4, 5}		{1, 2, 3, 4, 5}	{9, 10, 11, 12}
2	{6, 7, 8}	{6, 7, 8}		{6, 7, 8}	{13, 14}
3	{9, 10, 11, 12}				{15, 16, 17, 18}
4	{13, 14}				{19, 20}
5	{15, 16, 17, 18}				
6	{19, 20}				

(a) $\underline{R}^0 D_1 = \varnothing$，$\overline{R}^0 D_1 = E_1 \cup E_2$

	Universe	Upper	Lower	Boundary	Outside
1	{1, 2, 3, 4, 5}	{9, 10, 11, 12}	{9, 10, 11, 12}	{13, 14}	{1, 2, 3, 4, 5}
2	{6, 7, 8}	{13, 14}		{15, 16, 17, 18}	{6, 7, 8}
3	{9, 10, 11, 12}	{15, 16, 17, 18}			{19, 20}
4	{12, 14}				
5	{15, 16, 17, 18}				
6	{19, 20}				

(b) $\underline{R}^0 D_2 = E_3$，$\overline{R}^0 D_2 = E_3 \cup E_4 \cup E_5$

	Universe	Upper	Lower	Boundary	Outside
1	{1, 2, 3, 4, 5}	{1, 2, 3, 4, 5}	{19, 20}	{1, 2, 3, 4, 5}	{9, 10, 11, 12}
2	{6, 7, 8}	{6, 7, 8}		{6, 7, 8}	
3	{9, 10, 11, 12}	{13, 14}		{13, 14}	
4	{13, 14}	{15, 16, 17, 18}		{15, 16, 17, 18}	
5	{15, 16, 17, 18}	{19, 20}			
6	{19, 20}				

(c) $\underline{R}^0 D_3 = E_6$，$\overline{R}^0 D_3 = E_1 \cup E_2 \cup E_4 \cup E_5 \cup E_6$

图 4-7　当 $\beta = 0$ 时

在表 4-9 中，$R^\beta D_i$ 可以理解为当 β 取某一值时，既满足条件属性 F1 又满足决策属性 D_i 分类的同类工程，$\gamma(F1, \beta, D_i)$ 为 D_i 的 β 分类精度。通过比较可以得出：当 $\beta = 0$ 时，$R^\beta D_1$ 中的类似工程为 $\varnothing$，即没有发现同类工程。当 $\beta = 0.4$ 时，挖掘出 E_1 和 E_2，

	Universe	Upper	Lower	Boundary	Outside
1	{1, 2, 3, 4, 5}	{1, 2, 3, 4, 5}	{1, 2, 3, 4, 5}		{9, 10, 11, 12}
2	{6, 7, 8}	{6, 7, 8}	{6, 7, 8}		{13, 14}
3	{9, 10, 11, 12}				{15, 16, 17, 18}
4	{13, 14}				{19, 20}
5	{15, 16, 17, 18}				
6	{19, 20}				

(a) $\underline{R}^{0.4}D_1=E_1\cup E_2$,　$\overline{R}^{0.4}D_1=E_1\cup E_2$

	Universe	Upper	Lower	Boundary	Outside
1	{1, 2, 3, 4, 5}	{9, 10, 11, 12}	{9, 10, 11, 12}	{13, 14}	{1, 2, 3, 4, 5}
2	{6, 7, 8}	{13, 14}			{6, 7, 8}
3	{9, 10, 11, 12}				{15, 16, 17, 18}
4	{13, 14}				{19, 20}
5	{15, 16, 17, 18}				
6	{19, 20}				

(b) $\underline{R}^{0.4}D_2=E_3$,　$\overline{R}^{0.4}D_2=E_3\cup E_4$

	Universe	Upper	Lower	Boundary	Outside
1	{1, 2, 3, 4, 5}	{13, 14}	{15, 16, 17, 18}	{13, 14}	{1, 2, 3, 4, 5}
2	{6, 7, 8}	{15, 16, 17, 18}	{19, 20}		{6, 7, 8}
3	{9, 10, 11, 12}	{19, 20}			{9, 10, 11, 12}
4	{13, 14}				
5	{15, 16, 17, 18}				
6	{19, 20}				

(c) $\underline{R}^{0.4}D_3=E_5\cup E_6$,　$\overline{R}^{0.4}D_3=E_4\cup E_5\cup E_6$

图 4-8　当 $\beta=0.4$ 时

表 4-9(a)　传统粗糙集和变精度粗糙集分析表

	$card(R)$		$\gamma(F1,\beta,D_1)$	$card(R)$		$\gamma(F1,\beta,D_2)$
	$\underline{R}^{\beta}D_1$	$\overline{R}^{\beta}D_1$		$\underline{R}^{\beta}D_2$	$\overline{R}^{\beta}D_2$	
$\beta=0$	$\varnothing$	E_1,E_2	0	E_3	E_3,E_4,E_5	1/3
$\beta=0.4$	E_1,E_2	E_1,E_2	1	E_3	E_3,E_4	1/2

表 4-9(b)　传统粗糙集和变精度粗糙集分析表

	$card(R)$		$\gamma(F1,\beta,D_3)$
	$\underline{R}^{\beta}D_3$	$\overline{R}^{\beta}D_3$	
$\beta=0$	E_6	E_1,E_2,E_4,E_5,E_6	1/5
$\beta=0.4$	E_5,E_6	E_4,E_5,E_6	2/3

即,挖掘出 $E_1=\{1,2,3,4,5\}$,工程编号为 1、2、3、4、5 的为一组同类工程;$E_2=\{6,7,8\}$,工程编号为 6、7、8 的为一组同类工程。分

类精度 $\gamma(\text{F1},\beta,D_1)$ 由 0 变为 1。当 β 取 0 和 0.4 时，$R^\beta D_2$ 中的类似工程均为 E_3，即 $E_3=\{9,10,11,12\}$，表示工程编号为 9、10、11、12 的为一组同类工程，分类精度 $\gamma(\text{F1},\beta,D_2)$ 由 1/3 精确到 1/2。当 $\beta=0$ 时，$\underline{R^\beta D_3}$ 中的一组类似工程为 E_6，即，$E_6=\{19,20\}$，工程编号为 19、20 的为一组同类工程。当 $\beta=0.4$ 时，多挖掘出一组 E_5 同类工程，即，$E_5=\{15,16,17,18\}$，工程编号为 15、16、17、18 的为一组同类工程，分类精度 $\gamma(\text{F1},\beta,D_3)$ 由 1/5 精确到 2/3。

4.4.3　本节小结

经典粗糙模型下近似采用的是严格的集合包含关系，因此，近似计算对噪声数据十分敏感，其结果受噪声数据的影响很大，造成许多有价值的信息无法提取到。在寻找同类工程中，提出用变精度粗糙集(VPRS)理论深入挖掘同类工程方法，获取等价类和 β 上近似、β 下近似分类，此方法可确定多因素复杂条件下的同类工程深入挖掘问题，提高分类精度的准确率。解决了传统粗糙集在寻找同类工程中因缺乏对噪声数据的适应能力，缺乏柔性、鲁棒性的不足。充分利用了传统粗糙集易丢失的大量有用信息，挖掘出潜在的、宝贵的工程信息。实验结果表明，用变精度粗糙集取代传统意义上粗糙集分类，可以扩大分类的覆盖能力和泛化能力，并且最大程度地保持了工程的特征。不足之处：在变精度粗糙集中，分类率 β 是模型中重要的参数之一，目前参数的确定问题大多缺乏可预见性，在变精度粗糙集研究的文献中，大都没有具体阐述有关参数的确定问题。参数取值范围的确定是值得进一步深入探讨的问题。

4.5　RS 机器学习在 WLCS 方法中的估算应用

本书在粗糙集理论的基础之上，利用该理论在知识发现上的优越性，结合机器学习的原理，从收集到的工程量清单数据出发，介绍了机器学习的一般步骤，并以实际工程量清单样本为例，应用粗糙集理论研究了历史数据不确定性影响下全生命周期造价的预测问题。在结合具体实例的基础上,应用粗糙集理论给出了从预测建模、有效数据筛选到决策规则生成与筛选,最终得出全生命周期造价结果的完整预测过程。目前在国内,粗糙集理论在全生命周期造价中的预测研究还没有发现,本书尝试在全生命周期造价预测中引入粗糙集理论,从大量实测工程数据中优选出最有影响的因素,在保持决策属性和条件属性之间的依赖关系不变化的前提下,根据其等价关系寻找工程知识库中的冗余关系,从而简化决策表,确保知识库的分类能力,约简联系较弱的因素,最后以粗糙集决策规则学习的形式实现造价预测。实例分析表明,应用粗糙集理论解决数据不确定性影响下的全生命周期造价预测是可行的。

4.5.1 粗糙集机器学习过程

机器学习系统的环境和知识库是以某种知识表示,其中信息和集合以知识的形式来表示环境和知识库;学习环节根据环境提供的信息,通过处理,从中获取知识,构成知识库;执行环节利用知识库中的规则,进行学习,如果学习质量未达到预期值,则回到学习环节,继续进行学习增添规则,修改规则库。图 4-9 为机器学习的一般模型。

图 4-9　机器学习的一般模型

基于粗糙集的学习过程如下:

设决策表:$S = (U, A, V_A, f)$,$C \bigcup D = A$,$C \bigcap D = \varnothing$,$C = \{c_1, c_2, \cdots, c_k\}$ 为条件属性集,D 为决策属性集。

(1)首先对原始决策表进行数据预处理:补齐,离散化,求出断点;否则 goto(2)。

(2)利用粗糙集约简算法,化简该表,求约简集,得出一个新的决策表,记为 S',并求出规则集。

(3)如果有新例加入本系统,先进行预处理,然后利用(2)中求出的决策规则,进行学习。

(4)如果学习质量没有满足用户或系统要求(如给出阈值),goto(1)重新处理,直到满足要求为止。

(5)利用混淆矩阵(Confusion Matrix)进行验证。

利用上述的粗糙集机器学习模型,本书将原始决策表分割(Split)成2个子表,一个作为训练子表,一个作为学习子表,即图4-10中的"粗糙集机器学习模型",作为学习样本,分割方法如下:

原信息系统(IS)为 $S=(U,A)$,分为 $S1=(U1,A)$,$S2=(U2,A)$,两个子表,且满足条件:$U1 \bigcup U2=U$,$U1 \bigcap U2=\varnothing$。

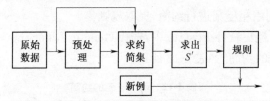

图 4-10 粗糙集机器学习模型

4.5.2 基于粗糙集机器学习的 WLC 估算方法研究

以实际工程量清单经过粗糙集预处理后得到的表 4-4 为例,首先把该表分成两个子表(Subtable),子表(1)和子表(2),详见表4-10 和表 4-11。

表 4-10 子表(1)

U	a	b	c	d	e	f	g	⋮	s	t	u	v	w	x	y	z	aa	ab	ac	ad	ae	D
1	2	3	1	2	2	1	3	⋮	1	1	1	3	3	1	3	3	3	1	3	1	2	2
2	2	1	1	2	2	1	2	⋮	1	1	3	1	1	3	1	3	1	1	1	1	2	1
3	3	1	2	2	2	1	2	⋮	1	2	1	3	2	1	2	1	1	1	1	2	1	1
4	3	2	3	3	3	3	1	⋮	1	1	1	3	3	3	2	1	1	1	3	1	1	3
5	3	1	1	1	1	1	1	⋮	1	1	1	1	1	1	1	1	1	2	1	1	1	1
6	3	3	2	3	3	1	3	⋮	3	1	1	3	1	1	2	1	1	1	1	1	1	3
7	1	1	1	3	3	1	2	⋮	2	2	1	1	1	1	1	1	1	1	1	1	1	3

表 4-11　子表(2)

U	a	b	c	d	e	f	g	⋮	s	t	u	v	w	x	y	z	aa	ab	ac	ad	ae	D
1	2	1	1	1	1	1	3	⋮	2	1	2	1	3	1	1	1	1	2	3	1	1	2
2	1	1	1	1	1	1	1	⋮	1	1	1	1	1	1	1	1	1	2	1	1	1	
3	2	1	1	2	1	1	2	⋮	1	1	2	2	2	1	3	2	2	1	2	1	3	2
4	1	1	1	1	1	1	2	⋮	1	1	1	2	2	1	2	1	1	1	1	1	1	1
5	3	2	3	2	3	1	3	⋮	3	1	1	1	2	2	1	2	1	1	3	1	1	3
6	2	1	1	3	2	2	2	⋮	2	1	3	1	2	1	1	3	2	1	2	1		
7	1	1	1	1	2	1	1	⋮	2	1	1	1	1	1	1	1	1	1	3	1	1	1

1. 利用粗糙集进行约简,提取规则集

在粗糙集软件 Rosetta 中,选择 Genetic Algorithm,最后得到两个子表的约简,如表 4-12 所示。

表 4-12　两个子表的约简

Number	子表(1)Reduct	Number	子表(2)Reduct
1	{F3,F20}	1	{F1}
⋮	⋮	⋮	⋮
60	{F8,F10,F16}	35	{F4,F28,F31}
61	{F3,F14,F16}	36	{F7,F14,F28}
⋮	⋮	⋮	⋮
99	{F3,F9,F27}	48	{F16,F21,F28}
⋮	⋮	⋮	⋮
123	{F8,F10,F19}	57	{F2,F6,F21}

注:F1 代表 a,即清理与掘除;F2 代表 b,即挖除旧路面;F3 代表 c,即拆除结构物;
　　F4 代表 d,即路基挖方;…;F31 代表 ae,即浆砌片石锥(护)坡;F32 代表项目总
　　造价。

表 4-13 子表（1）的规则集

Number	Rule	RHS Support	RHS Accuracy	LHS Coverage	RHS Coverage
1	F3(1) AND F20(1)⇒ F32(2)	2	1.0	0.285714	1.0
2	F8(2) AND F20(1)⇒ F32(2)	2	1.0	0.285714	1.0
⋮	⋮	⋮	⋮	⋮	⋮
25	F4(2) AND F30(1)⇒ F32(2)	2	1.0	0.285714	1.0
26	F4(3) AND F30(1)⇒ F32(3)	2	1.0	0.428571	1.0
⋮	⋮	⋮	⋮	⋮	⋮
50	F11(1) AND F16(1) AND F27(1)⇒F32(1)	2	1.0	0.285714	1.0
51	F11(1) AND F16(3) AND F27(1)⇒F32(3)	2	1.0	0.285714	0.666667
⋮	⋮	⋮	⋮	⋮	⋮
74	F8(3) AND F22(1) AND F25(2)⇒F32(3)	2	1.0	0.285714	0.666667

表 4-13 决策规则：如 F8(3) AND F22(1) AND F25(2)⇒ F32(3)，根据表 4-2 实例工程的数据信息表和离散表 4-4 对照，可以用如下语言来解释：当改路、改河、改渠填筑造价为 652795 元，坡面植物防护造价为 0，护面墙造价为 86236 元，则全生命周期造价为 21294604.27 元，其他规则依次类推。子表（1）的约简集部分截图和子表（2）的规则集部分截图详见图 4-11 和图 4-12。

2. 利用训练子表（1）的规则集进行学习

在计算全生命周期造价时，为了进一步验证算法所得约简集对分类的影响，以下采用交叉验证（Cross Validation）进行算法验证。所谓交叉验证法是在原始数据量较小的情况下，既要保证有足够的数据建立模型，又要有足够的数据进行验证。交叉验证是

	Reduct	Support	Length
1	{F3, F20}	100	2
2	{F8, F20}	100	2
3	{F3, F10}	100	2
4	{F5, F10}	100	2
5	{F3, F19}	100	2
6	{F7, F10}	100	2
7	{F3, F5}	100	2
8	{F4, F10}	100	2
9	{F20, F25}	100	2
10	{F7, F18}	100	2
11	{F18, F19}	100	2
12	{F8, F17}	100	2
13	{F16, F29}	100	2
14	{F4, F23}	100	2
15	{F7, F8}	100	2
16	{F7, F15}	100	2
17	{F4, F8}	100	2
18	{F10, F15}	100	2
19	{F2, F15}	100	2
20	{F4, F25}	100	2

图 4-11　子表(1)的约简集部分截图

	Rule
1	F1(2) => F32(2)
2	F1(1) => F32(1)
3	F1(3) => F32(3)
4	F17(2) AND F21(2) => F32(2)
5	F17(1) AND F21(1) => F32(1)
6	F17(3) AND F21(3) => F32(3)
7	F17(3) AND F21(3) => F32(2)
8	F23(3) AND F29(3) => F32(2)
9	F23(1) AND F29(3) => F32(1)
10	F23(2) AND F29(2) => F32(2)
11	F23(2) AND F29(1) => F32(1)
12	F23(2) AND F29(3) => F32(3)
13	F23(1) AND F29(3) => F32(1)
14	F2(1) AND F17(2) => F32(2)
15	F2(1) AND F17(1) => F32(1)
16	F2(2) AND F17(3) => F32(3)
17	F2(1) AND F17(3) => F32(2)
18	F17(2) AND F19(2) => F32(2)
19	F17(1) AND F19(1) => F32(1)
20	F17(2) AND F19(1) => F32(2)

图 4-12　子表(2)的规则集部分截图

机器学习中广泛使用的一种技术,它可以估计出一种分类方法的
预测准确率。交叉验证法将数据中的一部分作为训练数据训练出
分类器,将训练出的分类器在其余数据上作测试,得出的准确率作

为对实际准确率的估计。将收集到的路基工程量清单总表分为两部分,第一部分(子表1)用来进行属性的约简和规则集的计算,第二部分(子表2)用来进行模型的预测检验。图4-13给出了实验系统中机器学习新例情况的粗糙集混淆矩阵。最后机器学习的过程就落在对测试子表(2)利用上述训练子表(1)生成的规则集进行学习。

Actual		Predicted			
		1	2	3	
	1	2	1	0	0.666667
	2	0	3	0	1.0
	3	0	0	1	1.0
		1.0	0.75	1.0	0.857143

图4-13 新例学习情况粗糙集混淆矩阵

子表2机器学习过程如下:

% Note that the object indices below are 0-based.

Object 0: ok Actual   = 2 (2)
              Predicted = 2 (2)
              Ranking   = (0.666667) 2 (2) 2 rule(s)
                          (0.333333) 1 (1) 1 rule(s)

Object 1: ok Actual   = 1 (1)
              Predicted = 1 (1)
              Ranking   = (0.833333) 1 (1) 10 rule(s)
                          (0.166667) 2 (2) 2 rule(s)

Object 2: ok Actual   = 2 (2)
              Predicted = 2 (2)
              Ranking   = (0.666667) 2 (2) 8 rule(s)
                          (0.333333) 1 (1) 4 rule(s)

Object 3: ok Actual   = 1 (1)
              Predicted = 1 (1)
              Ranking   = (0.666667) 1 (1) 4 rule(s)
                          (0.333333) 2 (2) 2 rule(s)

Object 4: ok Actual   = 3 (3)
              Predicted = 3 (3)

                    Ranking   = (0.764706) 3 (3) 6 rule(s)
                                 (0.235294) 2 (2) 2 rule(s)
Object 5：ok   Actual   = 2 (2)
                    Predicted = 2 (2)
                    Ranking   = (0.555556) 2 (2) 5 rule(s)
                                 (0.444444) 3 (3) 3 rule(s)
Object 6：ERROR Actual   = 1 (1)
                    Predicted = 2 (2)
                    Ranking   = (0.666667) 2 (2) 4 rule(s)
                                 (0.333333) 1 (1) 2 rule(s)

Confusion matrix：
             | 1   2   3 |
 —
 1 | 2   1   0 | 66.66667%
 2 | 0   3   0 | 100.0%
 3 | 0   0   1 | 100.0%
 —
             | 100.0%   75.0%   100.0% | 85.71428%

  理解决策规则：如 F8（3） AND F22（1） AND F25（2）⇒
F32(3)，根据表 4-2 和表 4-4 对照，可以用如下语言来解释当改
路、改河、改渠填筑造价为 652795 元，坡面植物防护造价为 0，护
面墙造价为 86236 元，则全生命周期造价为 21294604.27 元，其他
规则依次类推。

  从图示结果可知：7 个新例在根据训练样本子表（1）生成的学
习规则学习时，其中第Ⅲ类（1 个测试样本）、第Ⅱ类（1 个测试样
本）都能被正确判断（即图中数值为 100.0% ）；但第Ⅰ类（3 个测
试样本）的其中一个样本却被误判到第Ⅱ类；故 7 个等识样本有 6
个能识别，准确率（Actual）达到 85.71428%。满足造价估算的精
度要求。另外，为了提高识别率还可以通过学习新的规则或者通
过多种学习算法增加断点（Cut）的角度提高识别率。最后给出子
表（2）的粗糙集机器学习的过程。

4.5.3 本节小结

粗糙集(RS)理论和机器学习目前理论研究比较多,国内相关的实验系统还比较少,因此在研究基于 RS 理论的全生命显著性造价时对数据的处理,一般还是用人工手算的方法比较多,很难在大型数据库系统的知识挖掘中完成相关知识的提取,因此大大制约了 RS 理论在国内的研究和发展。本书利用 ROSETTA 实验系统,在 RS 理论的基础之上,经对工程量清单数据的处理,完成了新例的学习分类过程,准确率较高。算例分析表明,应用粗糙集机器学习解决全生命周期造价的投资预测是可行的。

4.6 粗集-神经网络(RS-NN)在 WLCS 估算方法中的研究与应用

如前所述,在可行性研究阶段,投资估算是工程项目前期重要工作环节,其准确与否对项目的投资控制有直接影响。投资估算的主要特点是影响工程造价的因素众多,工程造价与这些不确定因素之间表现出一种高度非线性映射关系。传统的投资估算方法要么定额指标具有确定性和计划性,要么对造价与影响因素之间按线性关系处理(如回归分析等)。人工神经网络(Artifical Neural Network,ANN)作为人工智能领域的一个重要分支,具有很好的非线性逼近能力和泛化能力,较粗糙集处理数据而言,能够得出更精细的结果。但是训练集往往会有很多冗余,神经网络用这样的训练集往往会造成过配现象,当网络规模较大、样本较多时,训练过程变得复杂而且漫长,从而限制了神经网络实用化的推广。

本书将粗糙集和神经网络两种智能算法结合起来,用粗糙集对输入工程特征信息进行预处理,也就是对训练集的选取。粗糙集分析可以过滤冗余的信息,从而提高神经网络的泛化能力。基于粗糙集对训练集特征进行的约减,以降低特征向量维数,抽取出规则,然后根据这些规则构造神经网络拓扑结构,粗糙神经网络中每个神经单元的输入为粗糙集的条件属性值,输出为决策属性值,从而确定粗糙集-神经网络的模型(RS-NN)。本章将粗糙集-神经网络的模型(RS-NN)应用于新建项目造价估算,在拥有大量已完工程工程量清单历史造价信息的基础上,利用 RS-NN 发现和获取影响工程造价的不确定因素和工程造价之间的有机内在关联,分析和预测新建项目 CSIs 和"显著性因子 CSF",在初步设计和技术设计阶段,运用神经网络预测 CSIs 和 CSF,进行设计概算和技术修正概算的编制,从而对投资项目的工程估价作出准确估算。

4.6.1 人工神经网络简介

人工神经网络是近年来迅速发展起来的一门新兴学科,是人工智能科学的一个分支。受生物神经系统启发发展起来的一种信息处理方法,它是由大量的简单处理单元通过广泛的连接而形成的复杂网络。通过学习,神经网络按照规则自动调节神经元之间的输入、输出,来改变内部状态。误差反向传播网络(Back-Propagation Neural Network,BPNN)是应用最广泛的一种神经网络模型。BP 算法的学习过程是由正向传播和反向传播两个过程组成。在正传播过程中,输入信息从输入层,经隐含层逐层传递、处理,每一层神经元的状态只影响下一层神经元的状态。如果在输出层不能得到期望输出,则转入反向传播过程,将误差信号沿原来的连接通路返回,通过修改各层间连接权的值,逐次地向输入层传播,再经过正向传播过程,两个过程的反复运用使得误差不断减小,直至满足要求。其模型可以表示情况如下。

单隐层 BP 网络有三部分组成:

输入层,输入向量 $X = (x_1, x_2, \cdots, x_i, \cdots, x_n)^T$

隐含层,$net_j = \sum_{i=0}^{n} w_{ij} x_i, y_j = f(net_j), j = 1, 2, \cdots, m$

输出层,$net_k = \sum_{j=0}^{m} w_{ij} y_j, o_k = f(net_k), k = 1, 2, \cdots, l$

期望输出向量:$d = (d_1, d_2, \cdots, d_k, \cdots, d_l)^T$

输入层到隐含层之间的权值矩阵用 V 表示,$V = (V_1, V_2, \cdots,$

$V_j, \cdots, V_m$）。

隐含层到输出层之间的权值矩阵用 $\boldsymbol{W}$ 表示，$\boldsymbol{W} = (W_1, W_2, \cdots, W_k, \cdots, W_l)$。

转移函数采用 tansig 函数：$F(n) = 2/(1 + \exp(-2*n))^{-1}$

准则函数（误差）：$E = \dfrac{1}{2}(d - O)^2 = \dfrac{1}{2}\sum\limits_{k=1}^{l}\left\{d_k - f\left[\sum\limits_{j=0}^{m} w_{jk} f\left(\sum\limits_{i=0}^{n} v_{ij} x_i\right)\right]\right\}^2$

权值的调整量：$\Delta w_{jk} = -\eta \dfrac{\partial E}{\partial w_{jk}}, \Delta v_{ij} = -\eta \dfrac{\partial E}{\partial v_{ij}}$

反向传播计算公式，可得如下权系数学习规律：

$\Delta w_{jk} = \eta(d_k - o_k) o_k (1 - o_k) y_j$

$\Delta v_{ij} = \eta\left(\sum\limits_{k=1}^{l} \delta_k^o w_{jk}\right) y_i (1 - y_j) x_i$

4.6.2 粗集-神经网络（RS-NN）模型建立

模型的建立可以分为二部分，第一部分运用粗糙集理论对属性进行化简归约，产生初始规则；第二部分筛选、简化规则。第三部分将产生的初始规则作为神经网络的输入，构造 BP 神经网络模型，训练数据，进行预测。粗糙集理论定义条件属性和决策属性间的依赖关系，即输入空间与输出空间的映射关系可通过简单的决策表简化得到的，而且，通过去掉冗余属性，可以大大简化知识的表达空间维数，其决策表的简化又可以利用并行算法处理。神经网络完成输入空间与输出空间的映射关系是通过网络结构不断学习、调整，最后以网络的特定结构表达，没有显式函数表达，而完成并行处理却是神经网络的一大特长。因此，本书考虑将神经网络与粗糙集方法结合起来进行知识的简化的方法，该方法将粗糙集学习和神经网络学习结合起来，产生一个最小决策推理网络。

将过去积累的许多类似的工程项目的工程量清单资料，运用均值理论整理分析出每一个工程项目 CSIs 的分项目、总项目造价、显著性因子数值,并根据工程分析资料和工程特性按一定的格式分析整理,作为训练样本。首先利用粗糙集进行冗余数据的约简,提取最简规则集,并以此输入神经网络中进行训练,从而完成从输入层(工程特征)到输出层(CSIs 数据)的映射,这个映射是高度非线性的。神经网络模型自动提取这些知识,并以网络权值储存在神经网络内部。这样,工程技术人员可以根据拟建工程的特征,将相关信息输入神经网络,即可得到新建项目的 CSIs 和显著性因子数据。具体流程见图 4-14。

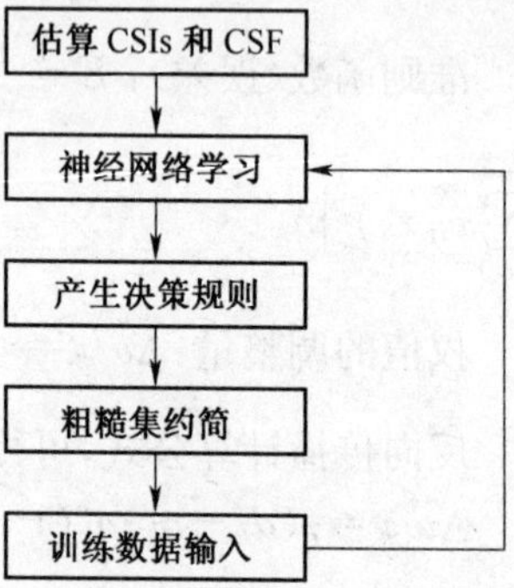

图 4-14　粗集-神经网络结构原理

4.6.3　实例与仿真

以收集到的 30 个实际公路工程量清单为依据,i1、i2、…、i8 为各工程特征,根据 CSIs 和 CSF 确定公式计算出工程的显著性项目造价和显著性因子,o1 为显著性项目造价 CSIs,决策属性 o2 为显著性因子 CSF,根据第 4.2 章 RS 的建模过程,通过数据的预处理、离散化、量化赋值,得到表4-14。以 o2 为例,o1 情况依次类推。

表 4-14　原始决策表

U	i1	i2	i3	i4	i5	i6	i7	i8	o2
1	1	1	2	4	1	2	2	2	0.812
2	3	1	2	3	2	2	2	1	0.8
3	2	2	2	1	2	2	1	3	0.782
⋮	⋮	⋮	⋮	⋮	⋮	⋮	⋮	⋮	⋮
12	3	2	2	3	1	4	3	3	0.784
13	2	2	1	3	2	1	2	2	0.823
⋮	⋮	⋮	⋮	⋮	⋮	⋮	⋮	⋮	⋮
18	1	2	2	2	1	2	2	2	0.766
23	2	4	2	1	2	1	1	1	0.783
30	3	1	2	3	1	2	2	2	0.824

第一步:运用粗糙集理论对决策表进行化简归约,产生初始规则。在粗糙集软件 Rosetta 中,选择 Johnson' algorithm,最后得到约简后的决策表 4-15,可见经过粗糙集的约简,条件属性从 8 个约简为 5 个,工程规则数量从 30 个约简为 23 个,去除了决策表中的冗余信息,大大减轻了神经网络输入的维数。

表 4-15　约简后决策表

U	i2	i4	i5	i6	i7	o2
1	1	4	1	2	2	0.812
2	1	3	2	2	2	0.800
3	2	1	2	2	1	0.782
⋮	⋮	⋮	⋮	⋮	⋮	⋮
12	2	3	1	1	3	0.782
13	2	3	2	2	3	0.766
⋮	⋮	⋮	⋮	⋮	⋮	⋮
18	3	2	2	2	1	0.795
19	4	4	2	3	1	0.804
⋮	⋮	⋮	⋮	⋮	⋮	⋮
23	1	3	1	2	2	0.824

第二步:粗糙集进行规则提取的步骤如下。

输入:最约简决策表 $T=\langle U, C\cup\{d\}, V, f\rangle$

$U=\{u1, u2, \cdots, un\}$, $C=\{c1, c2, \cdots, cm\}$

输出:规则集 Rule。

(1)建立一个初始化的规则集 RULE0 ,其中规则 ri 与 T 中第 i 个对象相关联。

(2)计算规则的支持度(Support)、覆盖度(Coverage)等,并根据需要选择阈值。

(3)根据选择的阈值移除规则 ri 中冗余的属性值。

(4)合并相同的规则,并简化规则。

产生初始规则后,经过筛选得到如下规则集:

i2(1) AND i4(4) AND i5(1) AND i6(2) AND i7(2)⇒o2(0.812)

i2(1) AND i4(3) AND i5(2) AND i6(2) AND i7(2)⇒o2(0.800)

i2(2) AND i4(1) AND i5(2) AND i6(2) AND i7(1)⇒o2(0.782)
i2(2) AND i4(1) AND i5(1) AND i6(3) AND i7(1)⇒o2(0.822)
i2(2) AND i4(3) AND i5(2) AND i6(3) AND i7(3)⇒o2(0.794)
i2(2) AND i4(3) AND i5(1) AND i6(3) AND i7(1)⇒o2(0.831)
i2(2) AND i4(3) AND i5(1) AND i6(1) AND i7(2)⇒o2(0.807)
i2(2) AND i4(3) AND i5(1) AND i6(4) AND i7(3)⇒o2(0.784)
i2(2) AND i4(3) AND i5(1) AND i6(3) AND i7(1)⇒o2(0.802)
i2(2) AND i4(3) AND i5(2) AND i6(2) AND i7(2)⇒o2(0.786)
i2(2) AND i4(3) AND i5(1) AND i6(2) AND i7(1)⇒o2(0.791)
i2(2) AND i4(3) AND i5(1) AND i6(1) AND i7(3)⇒o2(0.770)
i2(2) AND i4(3) AND i5(2) AND i6(3) AND i7(3)⇒o2(0.766)
i2(2) AND i4(3) AND i5(1) AND i6(1) AND i7(1)⇒o2(0.792)
i2(2) AND i4(5) AND i5(1) AND i6(4) AND i7(2)⇒o2(0.801)
i2(1) AND i4(3) AND i5(1) AND i6(3) AND i7(3)⇒o2(0.797)
i2(2) AND i4(4) AND i5(2) AND i6(3) AND i7(1)⇒o2(0.820)
i2(3) AND i4(2) AND i5(2) AND i6(2) AND i7(1)⇒o2(0.795)
i2(4) AND i4(4) AND i5(2) AND i6(3) AND i7(1)⇒o2(0.804)
i2(1) AND i4(1) AND i5(2) AND i6(1) AND i7(2)⇒o2(0.789)
i2(4) AND i4(3) AND i5(1) AND i6(3) AND i7(2)⇒o2(0.809)
i2(4) AND i4(1) AND i5(2) AND i6(1) AND i7(1)⇒o2(0.783)
i2(1) AND i4(3) AND i5(1) AND i6(2) AND i7(2)⇒o2(0.824)

第三步:将产生的初始规则作为神经网络的输入,构造 BP 神经网络模型,训练数据,进行预测。

采用三层 BP 神经网络,输入到隐含层之间采用双曲正切 S 形传递函数,隐含层到输出层之间采用线性传输函数。按照筛选得到的规则集,以粗糙集约简后的 5 个工程特征类目作为输入层单元,(即 i2、i4、i5、i6、i7),以显著性因子 CSF、o2 为作为输出,(显著性项目造价 CSIs、o1 作为决策属性的情况依次类推)具体见表 4-14。隐含层单元个数按柯尔莫哥洛夫定理,取值为 $2m+1$(m 为输入层个数),取 11 个。从粗糙集约简后的 23 个样本中,选取前

19 个作为训练数据，后 4 个作为测试数据，神经网络运行结果误差具体见表 4-16，网络收敛见图 4-15。

表 4-16 约简后的 BP 网络误差结果列表

次数	样　　本				
	20	21	22	23	误差（MSE）
1	−0.0658	−0.0007	−0.0004	0.0099	0.0011
2	0.0050	−0.0542	−0.0485	0.0150	0.0014
3	−0.0311	0.0960	0.0000	−0.0144	0.0026
4	−0.0270	0.0611	−0.0224	−0.0193	0.0013
5	0.0363	0.0184	−0.1077	0.3593	0.0356
6	−0.0182	0.0751	−0.0367	−0.0127	0.0019
7	−0.0799	0.0075	−0.0159	−0.0027	0.0017
8	0.0050	0.0705	−0.0277	0.0136	0.0015
9	−0.0111	0.0664	0.0091	−0.0092	0.0012
10	−0.0901	−0.0561	−0.0551	0.0283	0.0038
11	−0.0750	0.0302	−0.0291	−0.0131	0.0019
12	−0.0693	0.0290	−0.0265	0.0107	0.0016
平均误差	−0.0351	0.0286	−0.03008	0.03045	0.004633

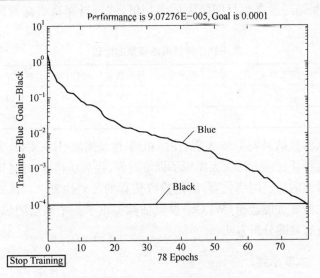

图 4-15 神经网络收敛过程图

表 4-17　　结果分析

样本序号	o1 预测值	o1 实际值	o1 相对误差（%）	o2 预测值	o2 实际值	o2 相对误差（%）	预测WLC	实际WLC	相对误差（%）
20	1106.501	1102.612	0.011	0.8241	0.789	−0.0351	1342.67	1397.47	3.92
21	1751.912	1760.121	−0.051	0.7804	0.809	0.0286	2244.88	2175.67	−3.18
22	1020.331	1024.533	0.202	0.8413	0.783	−0.03008	1253.01	1308.46	4.23
23	1320.552	1326.652	0.1	0.7935	0.824	0.03045	1664.21	1610.01	−3.36

由图 3-2 可知,对历史工程不同工程特征的 CSIs 和 CSF 数据的整理应能满足投资估算、设计概算、修正概算、施工图预算的设计及预算深度要求。尽管构建的 BP 网络每次给出的预测各不相同,具有一定随机性。但多次运算之后,通过求均值可以极大消除这种随机性。由表 4-17 可见,求均值之后的预测值与实际值相对误差很小(≤±5%),完全能够满足工程投资估算精度要求(≤±10%)。从单次神经网络运行结果来看,有些预测的误差较大,但是通过多次运行网络而后求均值,就可以保持很高预测精确度。

表 4-18　　神经网络模型的比较

网络模型	输入单元	隐层单元	输出单元	样本数量	训练时间	拟合误差
NN	8	17	1	30	1.46s	0.01
RS-NN	5	11	1	23	0.02s	0.004

从实验结果表 4-18 来看,使用粗糙-神经网络(RS-NN),突出了目标特征。该方法大大缩短了训练时间,提高了精度,并且得到优于常规的神经网络估算,满足投资估算的实时性要求。该方法为全生命显著性造价(WLCS)投资估算提供了一个崭新的思路,是一种有效的分析方法。

4.6.4　本节小结

本书提出一种粗集-神经网络并运用于全生命显著性造价投

资方法，通过对测试样本数据进行检验，满足投资估算精度基本要求。仿真实验表明，用粗糙集－神经网络对公路工程的投资进行估算是可行有效的。将两种智能方法进行耦合，突出了粗糙集和神经网络的优势，弥补了各自的缺点。该组成的网络具有：(1)学习速度快；(2)具有良好的全局逼近能力；(3)该模型具有可解释性，隐含层的节点个数是由粗糙集理论得到的规则数决定的；(4)该网络估算的准确度取决于输入节点的不可分辨类的划分以及规则的置信度、覆盖度的选取；(5)网络的容错能力较强。基于这些特点，粗糙集神经网络在全生命显著性造价投资方法中的应用，明显优于传统的 BP 神经网络。该模型的应用效果主要决定于已建工程数据库的项目数量、代表的典型性、特征因素的选择以及粗糙集的离散化的合理性。这些都在工程实践中有待改进，该模型作为一种快速、较为准确的全生命显著造价估算方法，具有实用价值和推广价值。

第5章　WLC 遗传神经网络集成估算方法研究

人工神经网络已经成功地运用到工程造价估算方法研究中，高度的鲁棒性和容错能力使它优于多元线性判别分析（MDA）、逻辑回归（Logistic Regression）等方法。全生命显著性造价由于受多种因素影响，构成复杂，计算繁琐，具有较大的模糊性，表现出一种高度的非线性关系。人工神经网络具有的独特优势，且与其他估算方法相比，人工神经网络估算方法具有速度快、准确性高、不具主观性等优点。许多学者已经把人工神经网络应用到建设工程造价估算上来，并取得了可喜的成绩。但是，传统的 BP 神经网络在工程造价估算方法中通常具有收敛速度慢，易陷入局部极小值等缺点。本书针对传统的 BP 神经网络存在收敛速度慢和容易陷入局部最小值等问题，提出遗传神经网络的估算方法。将遗传算法和神经网络结合，充分利用两者的优点，使新算法既有遗传算法的全局随机搜索能力，又有神经网络的学习能力和鲁棒性，利用遗传算法的全局搜索能力，针对传统误差反向传播算法的不足，采用染色体编码对神经网络的权值和阈值等主要参数进行优化。本书尝试采用遗传神经网络建立全生命显著性造价估算方法模型，利用遗传算法全局快速寻优的优势，以有效解决复杂非线性全生命周期造价估算在应用中的问题。以实际公路工程为研究对象，通过仿真试验验证其稳定性和有效性，表明该算法在全生命显著性造价估算方法中具备较高的实用性。

5.1　遗传算法

遗传算法是模拟生物在自然环境中的遗传和进化过程而形成的一种自适应全局优化搜索算法。它模拟了生物的繁殖、交配和变异现象，从初始的种群，产生一群更适应环境的后代。其本身具有以决策变量的编码作为运算对象，直接以目标函数值作为搜索信息，同时使用多个搜索点的搜索信息和使用概率搜索技术等特点。采用选择、交叉和变异三种遗传算子对参数编码字符串进行操作，具有全局性、鲁棒性和较好的适应性等特点。遗传算法作为一种新的优化方法，它的特点是几乎不需要所求问题的任何信息，仅需目标函数的信息，而且不受搜索空间是否连续或可微的限制就可找到最优解。遗传算法的算法流程如图 5-1 所示。

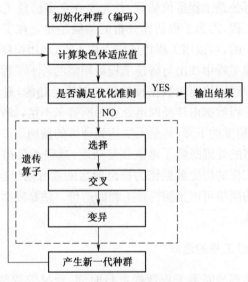

图 5-1　遗传算法的流程示意图

5.2　神经网络与遗传算法的集成

　　人工神经网络与其他作为智能方法的融合成为集成系统研究的一个新的分支，近年来在人工神经网络与其他作为智能方法的融合的研究中取得令人瞩目的成果，从融合的技术的角度出发，将集成方式分为"弱耦合"和"强耦合"两种。"弱耦合"方式中各种智能算法通常作为神经网络的前端处理器。"强耦合"集成致力于网络内部结构动态寻优的过程,神经网络结构学习,包括添加隐层节点、冗余节点和连接的删除,知识求精等。本书拟采用强耦合集成的方式,致力于网络内部结构动态寻优的过程,充分结合遗传算法和神经网络各自的优点,可在学习过程优化网络的权值和阈值,提高网络的泛化性和鲁棒性,遗传算法为解决神经网络的难点提供了一种便于实现的新思路。

5.3 遗传神经网络造价估算模型的建立

要进行公路工程造价估算,首先要在众多已建工程中选择出最相似的工程,因为工程估算分析的基础是建立在工程项目的相似一致性上的,可以用工程特征作为切入点,利用模糊数学的贴近度先从已建工程中找出与待建工程最相似的若干工程,(在此也起到了一个神经网络前端数据预处理的弱耦合功能,避免了盲目的海量已建工程数据由神经网络处理后所带来不足,如:训练时间的延长、预测精度的下降,甚至无法达到训练的预期误差等问题。也为神经网络的处理降低了维数和复杂度,减轻了负担),并利用大量的类似工程的历史数据作为神经网络的输入输出向量,经过训练完毕后的网络可以预测待建工程的造价。估算模型总体流程如图 5-2 所示。

5.3.1 类似工程的选取

将收集到的同类工程数据进行时间、地域等调整,消除因时间、地区、不同工程所带来的差异。通过分析从影响公路工程造价的因素中选出主要控制因素作为特征因素。本书确定的公路工程的特征因素有:地形、公路等级、横断面类型、横断面高度、横断面宽度、地基处理类型、路面结构材料、防护工程类型。由此,可建立起作为衡量相似程度标准的评价指标体系:S 表示公路工程项目特征向量,用 $s_1, s_2, \cdots, s_n$ 表示 S 中的各元素,用 $\mu_1, \mu_2, \cdots, \mu_n$ 表示 S 中各元素的隶属度,则该公路工程的模糊特征变量表示为 $S = \mu_1/s_1 + \mu_2/s_2 + \cdots + \mu_n/s_n$。

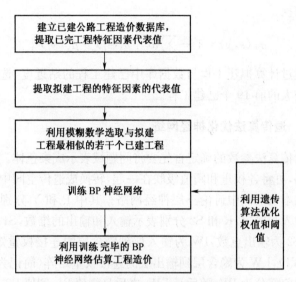

图 5-2 造价估算模型总体流程

对于拟建工程,同样可得到模糊子集 $Y=\{y_1,y_2,\cdots,y_n\}$,建立模糊数学模型:$Y=\mu_1/y_1+\mu_3/y_2+\cdots+\mu_n/y_n$。

依据各特征因素对公路工程造价影响的大小,用粗糙集中的属性重要度作为各因素的权重,比较客观地确定了权重,从而杜绝了专家判断的主观性。粗糙集属性重要度计算公式如下:

设 $K=(U,R)$ 是一个知识库,且 $P,Q\subseteq R$。当 $k=\gamma_P(Q)=|\mathrm{POS}_P(Q)|/|U|$ 时,称知识 Q 是以 $k(0\leqslant k\leqslant 1)$ 度依赖于知识 P 的,记作 $P\Rightarrow_kQ$,k 也称为依赖度。

设决策表 $S=(U,A,V_A,f)$,$C\cup D=A$,$C\cap D=\varnothing$,$C=\{c_1,c_2,\cdots,c_k\}$ 为条件属性集,D 为决策属性集,则任一个条件属性 $c_i\in C$ 关于 D 的重要度,定义为:

$$\sigma_{CD}(c_i)=\gamma_C(D)-\gamma_{C-\{c_i\}}(D)$$

同理,各因素的隶属度亦可使用该方法所得(过程不再详述):

$$W=\{w_1,w_2,\ldots,w_n\}\ ,w_i\geqslant 0,\sum_{i=0}^{n}w_i=1$$

本书采用贴近度方法计算拟建工程与已建工程的贴近度作为判别依据。

$$\sigma_w(s,y) = 1 - \sum_{i=1}^{n} w_i \mid \mu_s(s_i) - \mu_y(y_i) \mid$$

通过计算拟建工程与数据库中已建工程的贴近度,选择贴近度值较大的前 19 个已建工程。

5.3.2 遗传算法优化神经网络

遗传算法参数的确定首先要将问题域表示成染色体。采用实数编码,可将各权重和阈值级联在一起,转换成遗传空间中的染色体。在本书实例中讨论三层神经网络。其中 P 和 Y 分别表示网络的输入和输出,R 和 S2 分别表示输入和输出的维数,S1 为隐节点数,S2 为输出点数,IW 为输入层到隐含层的连接权重矩阵(简记为 W1),LW 为隐含层到输出层的连接权重矩阵(简记为 W2)。编码的前部分为 IW,随后是 LW,之后是阈值 B1,阈值 B2。显然,染色体长度为:S=R×S1+S1×S2+S1+S2,即一个染色体由 S 个基因构成,如图 5-3 所示。

IW1.1	IW1.2	...	IWs1.R	LW2.1	LW2.2	...	LWs2.s1	B11	...	B12	...

图 5-3 染色体中阈值和权值编码

定义适应度函数:定义适应度函数来评估染色体性能。用误差平方和的倒数作为个体的适应度,如果 b 表示个体,则 b 的适应度用公式表示 $f(b) = eval = 1/E$,$E = \frac{1}{2} \sum (t_i - o_i)^2$,其中 t_i 是期望输出,o_i 是实际输出。

构造有效的遗传操作算子:遗传操作算子有选择、交叉和变异三类。选择(复制):根据各个个体的适应度,按照一定的规则或方法,从第 t 代群体中选择出一些优良的个体遗传到下一代群体中。本书实例中采用轮盘赌的选择方法。从当代种群中选取两条染色体 b_i 和 b_j,如果 $f(b_i) > f(b_j)$,则在新种群 newpop 中取

newpop$(k)=b_i(k=1,\cdots,$popsize$)$；否则，先以某个概率接受 b_i，如果没有接受，则 newpop$(k)=b_j$。如此选取，直到选出 popsize 个个体为止。

交叉：将群体内的各个个体随机搭配成对，对每一对个体，以某个概率(称为交叉概率)交换它们之间的部分染色体；本书实例中采用单点交叉的算法，以 p_c 的概率对选择后的个体进行交叉。设在第 i 个体和第 $i+1$ 个体之间进行交叉，交叉算子如下：

$$\begin{cases} X_i^{t+1}=c_i \cdot X_i^t+(1-c_i) \cdot X_{i+1} \\ X_{i+1}^{t+1}=(1-c_i) \cdot X_i^t+c_i \cdot X_{i+1}^t \end{cases}$$

式中，X_i^t、X_{i+1}^t 是一对交叉前的个体；X_i^{t+1}，X_{i+1}^{t+1} 是交叉后的个体；c_i 是区间$[0,1]$的均匀分布的随机数。

变异：对群体中的每一个个体，以为变异概率改变某一个或某一些基因座上的基因值为其他基因值。本书实例中采用非均匀变异的算法。种群规模：popu$=50$；遗传代数：gen$=100$；以 p_m 的概率对交叉后的个体进行变异，设对第 i 个体进行变异，变异算子如下：

$$X_i^{t+1}=X_i^t+c_i$$

式中，X_i^t 是变异前的个体；X_i^{t+1} 是变异后的个体；c_i 是区间 $[u_{\min}-\delta_1-X_i^t, u_{\max}+\delta_2+X_i^t]$ 上的均匀分布随机数。这样可以保证变异后的个体仍在搜索区间内。

初始化种群：根据种群规模 popsize，染色体长度和基因的取值范围，随机产生 popsize 个长度为 S 的一维数组，就形成了第一个种群 pop，即初始种群。

遗传神经网络主要步骤：

(1)随机产生第一代(50)染色体种群。

(2)对每个染色体使用神经网络进行适应度评价。

(3)用评价进行选择，选择一部分适应度好的染色体留下，其他淘汰。

(4)对选中的染色体进行交叉和变异。

（5）看新一代染色体群中评价最好的染色体是否能达到要求（误差足够小）。

（6）反复进行 5～8 次，每进行一次，群体就进化一代，连续进化到指定进化代数（总的进化代数）为止。

（7）算法开始前需要设定进化代数，当达到设定值时，如果种群中最优染色体仍达不到理想误差范围，则返回最后一代中的最优解。

（8）构造遗传神经网络主要步骤如图 5-4 所示。

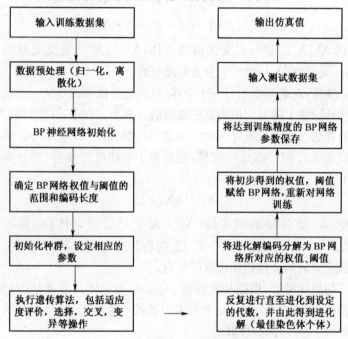

图 5-4　遗传算法优化神经网络流程图

5.4　实例与仿真

本例根据已完公路工程为基础数据，通过对典型公路工程的造价组成及建筑结构参数变化对投资估算的重要性影响进行分析，最后确定地形、公路等级等 8 种主要影响工程造价和工程量的特征作为模型的输入,对于其他文字性表达的工程特征需转变成数字后作为网络的输入,详见表 5-1。利用模糊数学的贴近度选取的 19 个与拟建公路工程贴近度较大的公路工程,作为基础数据,运用均值理论整理分析出每一个工程项目 CSIs 的分项目、总项目造价、显著性因子数值,并根据工程分析资料和工程特性按一定的格式进行分析归一化整理等,作为训练样本,并以此输入神经网络中进行训练。

表 5-1　工程特征因素量化表

量化值	特征类目							
	地形	公路等级	路基横断面类型	路基横断面高度/m	路基横断面宽度/m	地基处理类型	路面结构厚度/m	防护工程
1	山区	高速	路堑	0～0.5	0～10	普通换填	0～0.2	普通防护
2	丘陵	I 级	路堤	0.5～1.0	10～15	塑料板排水固结	0.2～0.3	锚定板护坡
3	平原	II 级	半挖半填	1.0～1.5	15～20	土工格栅	0.3～0.4	锚定板护坡
4		III 级	路堑,路堤	1.5～2.1	20～25	砂桩排水固结	0.4～0.5	喷网支护
5			路堑,半挖半填	2.1～2.5	25～30	强夯,搅拌桩	0.5～0.6	板梁支护
6			路堤,半挖半填	2.5 以上	30 以上	土工布	0.6 以上	草坡防护

5.4.1　遗传神经网络参数的确定

采用三层 BP 神经网络,输入到隐含层之间采用双曲正切 S 形传递函数,隐含层到输出层之间采用线性传输函数。以 8 个工程的特征类目作为输入层单元,以 O_1、O_2 作为输出,具体见表 5-2 基础数据表。隐含层单元数为 20 个,初始权值一般选择(-1,1)

之间的随机数。训练函数采用 Levenberg-Marquardt 算法的变梯度反向传播算法(即 Trainlm 函数),其权值调整率 $\Delta W=(J^{\mathrm{T}}J+\mu I)^{-1}J^{\mathrm{T}}e$,其中 J 为误差对权值微分的 Jacobian 矩阵,e 为误差向量,μ 为一个标量。此外神经网络的输入数据最好是呈非线性状态的,这样才能充分地利用神经网络的非线性预测能力,使预测更有效果。本例中的输入数据状态见图 5-5。

表 5-2 基础数据表

序号	输入项								输出项	
	I_1	I_2	I_3	I_4	I_5	I_6	I_7	I_8	O_1	O_2
1	3	1	4	2	1	4	6	2	1.516	0.836
2	3	2	4	3	2	4	5	2	1.423	0.824
3	3	3	4	3	3	4	4	2	1.366	0.821
4	3	4	4	4	4	4	2	2	1.078	0.813
5	3	5	4	4	4	4	1	2	0.861	0.801
6	3	6	4	5	5	4	1	2	0.816	0.814
7	1	4	1	4	1	2	1	1	0.515	0.796
8	2	3	3	2	3	1	4	1	0.716	0.783
9	4	3	4	3	4	5	4	4	1.169	0.801
10	6	3	6	4	3	5	5	6	1.61	0.812
11	4	3	4	3	3	4	4	4	0.816	0.794
12	5	4	4	4	4	4	2	4	0.968	0.798
13	6	4	6	4	4	4	1	4	1.41	0.824
14	5	3	4	3	3	5	3	4	1.076	0.831
15	4	4	4	4	4	3	2	4	0.701	0.793
16	4	2	4	3	2	4	5	4	1.607	0.820
17	4	3	4	3	3	4	4	4	1.406	0.831
18	4	4	4	4	4	4	2	4	1.019	0.807
19	4	5	4	5	5	4	1	4	0.941	0.789

注:I_i 为工程的特征类目;O_1 为 CSIs,单位为万元/千米;O_2 为 CSF 系数。

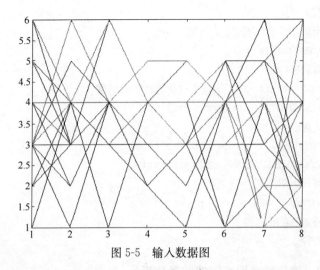

图 5-5　输入数据图

在 MATLAB 中编程仿真,部分程序如下:

```
% GA-BP 神经网络
R = size(p,1);
S2 = size(t,1);
C = R * S1 + S1 * S2 + S1 + S2;
aa = ones(S,1) * [-1,1];
popu = 50;   % 种群规模
initPpp = initializega(popu,aa,'gabpEval');  % 初始化种群
gen = 100;   % 遗传代数
% 调用 GAOT 工具箱,其中目标函数定义为 gabpEval
[x,endPop,bPop,trace] = ga(aa,'gabpEval',[],initPpp,[1e-6 1 1],'max-
GenTerm',gen,...
'normGeomSelect',[0.09],['arithXover'],[2],'nonUnifMutation',[2 gen
3]);
% 计算最优的权值和阈值
[W1,B1,W2,B2,val] = gadecod(x);
net.IW{1,1} = W1;
net.LW{2,1} = W2;
net.b{1} = B1;
```

```
net.b{2} = B2;
% 利用新的权值和阈值进行训练
net = train(net,pn,tn);
% 仿真测试
s_ga = sim(net,pn_test)%遗传优化后的仿真结果
s_ga = postmnmx(s_ga,mint,maxt)
E = o-s_ga
MSE = mse(E)
function[W1,B1,W2,B2,val] = gadecod(x)
% 计算误差平方和
SE = sumsqr(t-A2);
% 遗传算法的适应值
val = 1/SE;
```

5.4.2 遗传神经网络训练结果分析

以 O_2 为例,当神经网络以实例中的前 18 个样本进行训练,最后一个作为测试数据时,经过 8 次运算结果如下,从表 5-3 和表 5-4 中可以看出 BP 网络和遗传 BP 网络预测值都可以达到很高的精度,优化前后的两种网络相差不大。

当神经网络以实例中的前 15 个样本进行训练,用最后 4 个作为测试数据时,经过 12 次运算的误差情况如表 5-5 和表 5-6 所示。从表 5-5 和表 5-6 与表 5-3 和表 5-4 对比中可以看出一旦输入和输出数据维数增加,两个网络的误差性能就会发生变化。经对比发现一般的 BP 网络虽然训练中能得到较理想的预测结果,但是单点之间的误差较大,且网络震荡现象频发;而经过遗传算法优化后的 BP 神经网络在此方面表现出较好的稳定性和容错性能,不同次数的训练单点之间变化较小。由以上对比可以看出,改进后的 BP 网络在性能问题上远远强于一般 BP 网络,而且在降低计算结果的平均误差的同时,计算精度也大大提高了。总体来说,利用遗传算法改进 BP 网络能够有效地提高估算精度,在工程中实际应用中是一种有效的数据处理方法。

表 5-3 BP 网络估算结果图

序列	估算值	误差	训练时间/s
1	0.7933	−0.0043	5.328
2	0.8093	−0.0203	5.156
3	0.7958	−0.0068	8.468
4	0.7770	0.0120	5.860
5	0.8100	−0.0210	4.828
6	0.7999	−0.0109	4.484
7	0.7996	−0.0106	4.875
8	0.8003	−0.0113	4.531

表 5-4 遗传 BP 网络估算结果

序列	估算值	误差	训练时间/s
1	0.7921	−0.0031	3.485
2	0.7983	−0.0093	5.344
3	0.7849	0.0041	5.375
4	0.7990	−0.0100	6.015
5	0.7974	−0.0084	3.843
6	0.7978	−0.0088	5.657
7	0.7931	−0.0041	5.062
8	0.7949	−0.0059	4.609

表 5-5 BP 网络估算结果误差状况

样本次数	10	11	12	13	误差(MSE)
1	10.6131	−12.5674	15.8791	3.3885	133.5515
2	−0.3482	−0.9705	−0.4123	0.2061	0.3189
3	−1.2259	6.9700	−1.0793	2.5229	14.4035
4	0.2308	−0.6905	−7.6147	−2.4275	16.1018
5	0.0363	0.0184	−0.1077	0.3593	0.0356
6	1.4184	0.6608	−7.6791	13.2447	59.2103
7	0.0936	3.2512	−2.0482	−7.3547	17.2166
8	0.1140	−0.2927	0.0085	1.0585	0.3048
9	−2.1362	0.2229	−1.7221	−0.4758	1.9512
10	0.2119	0.3313	−1.7428	4.1592	5.1228
11	−2.3193	3.3400	−2.8903	14.1391	56.2008
12	7.1438	3.3083	−0.5890	3.3990	18.4696

表 5-6 遗传 BP 网络估算结果误差状况

样本次数	10	11	12	13	误差(MSE)
1	0.9179	1.6086	−0.7647	0.4679	1.0584
2	0.0065	−0.0113	−0.0196	0.3228	0.0262

样本次数	10	11	12	13	误差(MSE)
3	2.2200	0.5462	2.0205	−3.7223	5.7912
4	−0.0939	−0.0133	−0.0252	0.5912	0.0898
5	−0.0042	−0.0064	0.0003	0.4907	0.0602
6	−0.1618	0.5467	−0.2316	0.1429	0.0998
7	−0.0018	−0.0148	0.0236	0.5647	0.0799
8	−0.0073	0.0104	−0.0156	0.5307	0.0705
9	0.0191	0.2916	−1.8932	0.3917	0.9557
10	−0.1853	0.1443	0.2545	0.4912	0.0903
11	−1.0282	3.8673	−2.8334	−2.8222	8.0016
12	0.1000	0.0967	−0.0132	0.5914	0.0923

　　从图 5-6 和图 5-7 的情况来看,一般的神经网络要经过 3.5 次训练才达到期望值,而遗传神经网络经过大约 1.8 次运算便达到期望值。在增加输入输出维数后,优化后的网络其网络的训练速度提高了。

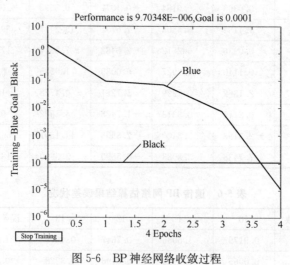

图 5-6　BP 神经网络收敛过程

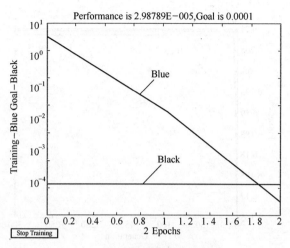

图 5-7　遗传神经网络收敛过程

采用遗传神经网络对 WLCS 进行估算,见表 5-7。

表 5-7　估算结果分析

样本序号	O_1 预测值	O_1 实际值	O_1 相对误差（%）	O_2 预测值	O_2 实际值	O_2 相对误差（%）	预测WLC	实际WLC	相对误差（%）
16	1.591	1.607	−0.99	0.812	0.820	−0.97	1.959	1.960	−0.05
17	1.462	1.406	3.98	0.821	0.831	−1.2	1.781	1.692	5.26
18	1.021	1.019	0.20	0.800	0.807	−0.86	1.276	1.263	1.029
19	0.929	0.941	−1.28	0.799	0.789	1.26	1.163	1.193	−2.51

　　从表 5-7 可见,求遗传算法优化之后的预测值与实际值相对误差很小,完全能够满足工程投资估算精度要求(≤±10%)。

　　图 5-8 和图 5-9 中红线(Red)表示各个进化代中的最佳适应函数值,蓝线(Blue)表示各个进化代中所有个体的平均适应度函数值。

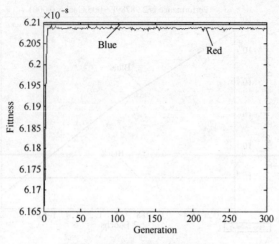

图 5-8 适应度函数变化图

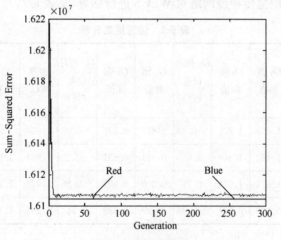

图 5-9 误差变化图

5.5 本章小结

工程造价是一个复杂的非线性过程,本书将遗传算法结合 BP 神经网络的融合算法用于对造价的估算,从实际算例来看预测取得了较理想的结果。研究得出将遗传算法和神经网络相结合而建立的遗传神经网络模型，具有灵活而有效的学习方式，能较好地克服 BP 神经网络收敛极易陷入局部最小点的缺点，很适合解决多输入多输出的非线性问题，和一般的 BP 神经网络模型相比，计算精度和收敛速度都有很大的提高，在解决非线形复杂系统中的问题时具有较强的适应能力。该模型作为一种稳定性强、较为准确的工程造价估算方法，具有实用价值和推广价值。

第6章　基于 PSO 优化算法的 RBF 神经网络 WLCS 估算方法研究

　　RBF 神经网络具有拓扑结构简单、学习速率快、学习过程透明等优点。但是传统的 RBF 神经网络的学习策略有很大的缺点，由于 RBF 网络自身的特殊性，其网络结构参数的确定只能通过局部空间来寻找最优解，目前，在理论上很难求得网络结构等参数的最佳值。

　　粒子群优化（Particle Swarm Optimization，PSO）算法是近年来发展起来的一种新的智能算法。PSO 算法属于进化算法的一种，和遗传算法相似，它也是从随机解出发，通过迭代寻找最优解，通过适应度值来评价解的优劣。但是它没有遗传算法的"选择"（Select）、"交叉"（Crossover）和"变异"（Mutation）算子操作，比遗传算法更为简单，方便。它通过追随当前搜索到的最优值来寻找全局最优。本书将 RBF 神经网络和粒子群优化算法（PSO）两种智能算法相融合，提出了一种基于 PSO 优化算法的 RBF 全生命显著性造价估算模型。利用 PSO 算法来对传统的 RBF 神经网络内部结构进行优化，经过 PSO 算法优化得出来的参数就是全局最优参数，通过对 PSO-RBF 全生命显著性造价估算模型的实验仿真，表明该算法具有较好的造价估算性能。

6.1　粒子群（PSO）优化算法

　　1995 年 Eberhart 博士和 Kennedy 博士基于鸟群觅食行为提出了粒子群优化算法（Particle Swarm Optimization，PSO）。PSO 中，每个优化问题的解都是搜索空间中的一只鸟，我们称之为"粒子"。所有粒子都有一个由被优化函数决定的适应度值（Fitness Value），每个粒子还有一个速度决定他们飞翔速度的大小和方向。随即，粒子们会追随当前的最优粒子在解空间内搜索。PSO 初始化为一群随机粒子(随机解)。其最终最优解通过若干次迭代求得。每一次迭代,每一粒子通过两个因素进行自我更新(通过取得新速度而取得新位置):粒子自身寻解过程中的最佳解,我们称它为"自我意识",它往往和算法的局部搜索性能有很大的关系;另一个因素称之为"群体智慧",是整个群体所找到的最佳解,在速度更新中它能带领整个群体向问题的全局最优靠拢,在个体和群体的共同协作下算法可以取得最优解。可用下面的公式来表示粒子每轮的更新行为:PSO保留了基于种群的全局搜索策略,且它不像其他算法那样对于个体使用进化算法,而是将每个个体看作是在 n 维搜索空间中的一个没有重量和体积的微粒,并在搜索空间中以一定的速度飞行。该飞行速度由个体的飞行经验和群体的飞行经验进行动态调整。

在每次迭代中,每个个体(微粒)根据下式来调整它的飞行速度和位置:

$$v_{ij}(t+1)=wv_{ij}(t)+c_1r_{1j}[p_{ij}(t)-x_{ij}(t)]+c_2r_{2j}$$
$$[p_{gj}(t)-x_{ij}(t)] \tag{6.1}$$
$$x_{ij}(t+1)=x_{ij}(t)+v_{ij}(t+1) \tag{6.2}$$

式中,j 为粒子的第 j 维;i 为粒子 i;t 为第 t 代;c_1、c_2 为加速常数,通常在 0~2 间取值;$r_1 \sim U(0,1)$,$r_2 \sim U(0,1)$ 为两个相互独立的随机函数。

6.2 粒子群(PSO)优化 RBF 神经网络

如图 6-1 所示,在 RBF 神经网络结构中,网络的输入向量为:$\boldsymbol{X} = [x_1, x_2, \cdots, x_n]^T$。设网络的径向基向量 $\boldsymbol{H} = [h_1, h_2, \cdots, h_m]^T$,其中 h_j 为高斯基函数:

$$h_j = \exp\left(-\frac{\|X-C_j\|}{2b_j^2}\right), j=i,2,\cdots,m$$

其中,网络的第 j 个节点的中心矢量为 $\boldsymbol{C}_j = [c_{j1}, c_{j2}, \cdots, c_{jn}]$,设网络的基宽向量为:$\boldsymbol{b} = [b_1, b_2, \cdots, b_m]^T$,$b$ 是节点 j 的基宽度参数,且为大于零的数。网络的权向量为:$\boldsymbol{W} =$

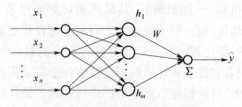

图 6-1　RBF 神经网络拓扑结构

$[w_1, w_2, \cdots, w_m]^T$,神经网络的输出为:

$$\hat{y}(k) = w_1 h_1 + w_2 h_2 + \cdots + w_m h_m$$

　　RBF 神经网络的隐函数的中心和宽度以及输出层权值决定其性能。传统的 RBF 神经网络在确定这些参数时学习策略有很大的缺点,寻求最优解只能在局部空间来进行,如果这些参数设置不当,会造成逼近精度的下降甚至网络的发散,因此在本书中选择 PSO 智能算法对传统 RBF 神经网络内部参数进行优化。要优化的参数有中心矢量 c、基宽向量 b、权向量 w,它们在 PSO 中表示的是粒子的位置,如下式所示:

　　$present[] = [b_1, b_2, \cdots, b_m; c_{j1}, c_{j2}, \cdots, c_{jn}; w_1, w_2, \cdots, w_m]$

　　PSO 优化算法步骤:

　　(1)对粒子群(粒子速度、粒子种群规模等)以及神经网络参数进行初始化;

　　(2)计算各粒子的适应度值;

　　(3)对每个粒子,比较它的适应度与它自身经历最好位置的适应度,如果更好,进行更新;

　　(4)对每个粒子,比较它的适应度与整个群体所经历最好位置的适应度,如果更好,进行更新;

　　(5)当粒子达到所经历最好位置的适应度时,保存最优参数;

　　(6)将粒子群优化完毕的最优参数赋给 RBF 神经网络对应的内部参数;

　　(7)PSO 优化的 RBF 神经网络进行输出造价估算结果。

6.3 实例与仿真

6.3.1 数据准备

将收集到的同类工程数据进行时间、地域等调整,消除因时间、地区、不同工程所带来的差异。根据收集到的以往工程造价数据,通过 CS 理论,找出 CSIs(显著性项目),简化工作量,最后将搜集整理好的数据归一到 0 上下浮动的数值,这样做的好处是可以便于观察,使数据无量纲化。

6.3.2 仿真实验

```
m＝20;  ％种群规模
w＝0.1; ％算法参数
c1＝2;  ％算法参数
c2＝2;  ％算法参数
％初始化种群 pop
pop＝rands(m,n);
％初始化粒子速度
V＝0.1 * rands(m,n);
BsJ＝0;
％根据初始化的种群计算个体好坏,找出群体最优和个体最优
％求出每个粒子对应的误差
   [indivi,BsJ]＝fitness(indivi,BsJ);
     Error(s)＝ BsJ
％求更新后的每个个体误差,可看成适应度值
         [pop(s,:),BsJ]＝fitness(pop(s,:),BsJ);
       error(s)＝ BsJ;
％根据适应度值对个体最优和群体最优进行更新
Best(kg)＝ Errorleast;
％保存最优参数
save pfile1 gbest;
```
为了体现出 PSO 优化后的效果,分别将 PSO 优化后的 RBF、

GA(遗传算法),优化后的 RBF,传统的 RBF 三者进行造价估算后的误差分析。通过 MATLAB 编程,选择迭代次数为 558,三种算法的估算误差如图 6-2 所示。

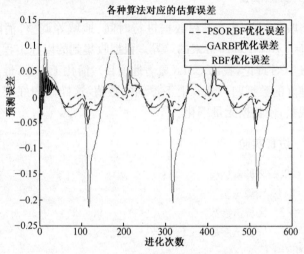

图 6-2　各种智能算法预测误差

由图 6-2 造价估算误差结果可见,传统的 RBF 估算误差较大,并且震荡现象严重,较不稳定。经过 GA(遗传算法)优化后的 RBF 估算误差明显下降,但性能的稳定情况依然存在不足,PSO(粒子群)优化后的 RBF 效果相对较佳,估算误差精度较小,并且估算结果稳定性较强。

采用 PSO-RBF 网络选择样本编号为 16～19,对其 WLCS 进行估算,结果见表 6-1。

表 6-1　估算结果分析

样本序号	O_1 预测值	O_1 实际值	O_1 相对误差(%)	O_2 预测值	O_2 实际值	O_2 相对误差(%)	预测WLC	实际WLC	相对误差(%)
16	1.601	1.607	0.37	0.829	0.820	−1.09	1.931	1.960	1.479
17	1.411	1.406	−0.35	0.825	0.831	0.722	1.710	1.692	−1.063
18	1.021	1.019	0.20	0.801	0.807	0.743	1.274	1.263	−0.870
19	0.938	0.941	0.31	0.781	0.789	1.013	1.201	1.193	−0.670

由表 6-1 可见,求均值之后的预测值与实际值相对误差很小(≤±5%),完全能够满足工程投资估算精度要求(≤±10%)。从实验结果来看,使用粒子群优化的 RBF 神经网络(PSO-RBF),估算稳定性较好,精确度较高,并且得到优于 GA-RBF 和常规的 RBF 神经网络的估算性能,满足投资估算的精度要求。该方法为全生命显著性造价(WLCS)投资估算提供了一个崭新的思路,是一种有效的分析方法。仿真结果表明该方法的有效性和可行性。而且算法简单,具有一定的通用性和实用价值。

6.4　本章小结

本书提出一种 PSO-RBF 神经网络并运用于全生命显著性造价投资方法中,通过对测试样本数据进行检验,满足投资估算精度基本要求。仿真实验表明,用粗糙集-神经网络对公路工程的投资进行估算是可行有效的。将两种智能方法进行融合,突出了粒子群智能(PSO)和 RBF 神经网络的优势,弥补了各自的缺点。该组成的网络具有:估算稳定性能强,精度较高,减少了传统 RBF 网络初步寻优的盲目性,充分融合了粒子群智能算法的算子结构精简,良好的全局寻优等特点。基于这些特点,PSO-RBF 神经网络在全生命显著性造价投资方法中的应用,明显优于传统的 RBF 神经网络。从而取得满意的快速估价效果。该模型作为一种快速、较为准确的工程造价估算方法,具有实用价值和推广价值。

第7章 造价投资控制理论与方法研究

工程项目建设中,投资失控、追加费用的现象普遍存在,出现的诸多问题打乱了资金归划拨给,造成了工期、造价、预算的偏差,严重干扰了正常的工程建设秩序。失控的原因众多,除体制和机制原因外,主要原因就是造价预测方法不科学。在传统的投资估算方法中,工程造价人员通常运用线性关系模型来拟合实际问题,不能反映项目造价与不确定因素之间的非线性映射关系,准确度与可靠度差。其次,投资控制理念落后,主要进行事后控制。如果在项目施工中,能及时、系统地掌握和管理相关信息,并能够在可能发生偏差之前实施可靠性高、准确度高的预测,分析原因,并给出控制措施,有效地防止在施工过程中出现投资失控是可能的。如何在保证安全的前提下有效控制工程造价费用的支出,如何使决算价较准确地接近该预算,实时监控项目进展,观测费用、工期是否出现偏差,是工程建设迫切需要解决的问题。本章采用EVM(已获价值)理论为基础,在施工过程中监控项目进度,实时观测费用、工期的偏差情况。由于工程造价系统发生的分岔、混沌现象将影响造价系统的稳定性,为了有效防止在施工过程中出现造价投资失控的问题,运用混沌动力系统与神经网络进行结合,融合两种智能算法的优点,在 EVM 的基础上,对显著性项目的ACWP(已完工程量实际造价)、BCWP(已完工程量预算造价)进行动态预测,以便在发生偏差之前进行准确度高的预测,分析原因,并给出控制措施。仿真实验表明,该方法是有效、可行的。将施工过程中各个时点的 ACWP、BCWP 看作一个灰色系统,试图寻找 ACWP、BCWP 各阶段数值的变化规律,在历史各时点数据已知的条件下,采用 GM(1,1)预测下一阶段 ACWP、BCWP 的值,根据预测结果采取预控措施,对投资进行事前控制。实证表明，该方法对于预测临近时期的 ACWP 和 BCWP 是可行的。

7.1 用已获价值理论 EVM 监控项目进度

使用已获价值理论对工程项目进行管理是用与进度计划、成本预算和实际成本相联系的三个独立的变量，进行项目绩效测量的一种方法。它比较计划工作量、WBS 的实际完成量（挣得）与实际成本花费，以决定成本和进度绩效是否符合原定计划。所以，相对其他方法，它是更适合工程项目成本管理的测量与评价方法。用已获价值法进行三大目标的综合分析控制，基本参数有三个，即已完工程量预算造价（Budgeted Cost for Work Performed，BCWP）、计划完成工程量预算造价（Budgeted Cost for Work Scheduled，BCWS）和已完工程量实际造价（Actual Cost for Work Performed，ACWP）。已获价值管理可以在项目某一特定时间点上，通过三个指标之间相互对比，得到有关计划实施的进度和费用偏差，判断项目预算和进度计划的执行情况，获取项目三大目标实现情况，因而可以从范围、时间、成本三项目标上评价项目所处的状态。

图 7-1 将已获价值理论（Earned Value Management）的基本概念及其相互关系进行了详细的阐述。

7.1.1 三个偏差指标

偏差：进度和造价偏差都能通过 S 形曲线图中 BCWS、ACWP、BCWP 表示出来。

进度偏差（Schedule Variance，SV）：进度偏差是已获价值和计划完成工程量预算造价间的偏差。

$$SV = BCWP - BCWS$$

造价偏差（Cost Variance，CV）：造价偏差是已获价值和已完工程量实际造价间的偏差。

$$CV = BCWP - ACWP$$

预算偏差（Budget Variance，BV）：预算偏差是计划完成工程

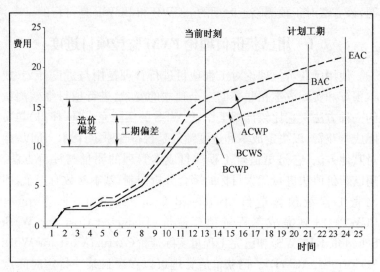

图 7-1 S 形曲线图

量预算造价与已完工程量实际造价间的偏差。

$$BV = BCWS - ACWP$$

7.1.2 S 形曲线相关分析

在项目管理中,一般是将 BCWP、ACWP、BCWS 三条 S 曲线在同一图上表示,可以清楚地反映项目的进度和资源的消耗情况,它将告诉我们被检测的工作单元进度完成情况是超前还是推迟,并能定量评估推迟或超前的工作量已推迟或超前的时间。同时分析该项工作的执行效果,可反映出其工作效率和经济效益的优劣,并能定量地预测其最终结果。在项目的实际操作工作过程中,最理想的状态是三条曲线靠得很紧密,平稳上升,预示着项目和人们所期望的走势差不多,朝着良好的方向发展。如果三条曲线的偏离度和离散度很大,则表示着项目实施过程中有重大的问题隐患,或已经发生了严重问题,应该对项目进行重新评估和安排。

在施工过程中,当 SV 和 CV 为负值时,就说明项目处于不好的状态,处于正值时则说明项目实际情况比计划好。在项目实际分析中可能出现以下六种情况：

（1）BCWP＞BCWS＞ACWP，进度偏差 SV＞0，成本偏差 CV＞0，进度超前，成本绩效好，支出延迟。

（2）BCWP＞ACWP＞BCWS，进度偏差 SV＞0，成本偏差 CV＞0，进度超前，成本绩效好，支出超支。

（3）ACWP＞BCWP＞BCWS，进度偏差 SV＞0，成本偏差 CV＜0，进度超前，成本绩效差，支出超支。

（4）ACWP＞BCWS＞BCWP，进度偏差 SV＜0，成本偏差 CV＜0，进度滞后，成本绩效差，支出超支。

（5）BCWS＞BCWP＞ACWP，进度偏差 SV＜0，成本偏差 CV＞0，进度滞后，成本绩效好，支出延迟。

（6）BCWS＞ACWP＞BCWP，进度偏差 SV＜0，成本偏差 CV＜0，进度滞后，成本绩效差，支出延迟。

根据相关的分析结果，对项目实际情况采取以下一些措施进行控制，对应措施如下：1)显然项目的进展比较好，如果在偏差容许的范围内，可以继续维持现状，甚至还可以再挖掘潜力。2)可以减少项目的投入，实现减慢进度，降低支出。3)通过调整投入来控制进度，降低支出，还要考虑降低工作成本。4)项目总体情况比较差，需要考虑改进工作方法，提高工作效率，降低成本。5)可以通过增加投入来加快项目进度。6)可通过增加投入来加快项目的进度，但还要考虑在保证质量的前提下如何降低成本。

7.1.3 两个绩效指标

为进一步跟踪项目进度，较好地揭示资金运用状况，反映项目的真实状况，通常采用相对偏差分析，以反映存在于各项任务上的具体问题，这就需要用到由上述三个基本值导出的另外两个重要指数——进度绩效指数和造价绩效指数，它们是衡量项目是否顺利进行的指标。它能显示出：项目工期是否在拖延，项目预算是否在超出。

（1）进度绩效指数（Schedule Performance Index，SPI）：进度

绩效指数是已获价值与计划完成工程量预算造价的比率,即:SPI＝BCWP/BCWS。式中,如果 SPI＜1,说明工期在延误。当0.95＜SPI＜1 时,工期警示为黄,说明必须引起重视,制定相应的对策,进行控制;当 SPI＜0.95 时,工期警示为红,说明必须引起高度的重视,找出原因,进行重点控制。如果 SPI＞1,说明实际进度提前于计划进度,工期可能会提前。如果 SPI＝1,表明工程实际进度正按照计划的进度进行。

(2)造价绩效指数(Cost Performance Index,CPI):造价绩效指数是已获价值与已完工程量实际造价的比率算,即:CPI＝BCWP/ACWP。式中,CPI 反映了项目实际完成作业量的单位实际成本相当于计划预算成本的数量,如果 CPI＜1,说明完成相同工程数量,项目实际支出超出预算支出,工程出现超支状态。当0.95＜CPI＜1 时,投资警示为黄,说明必须引起重视,找出原因,制定对策,进行控制;当 CPI＜0.95 时,投资警示为红,说明必须引起高度重视,找出原因,制定对策,进行重点控制。如果 CPI＞1,说明项目实际支出低于预算支出,工程造价处于节余状态。CPI＝1,项目实际支出等于预算支出,投资警示为绿。

7.2 基于混沌-神经网络理论和CS理论的 ACWP、BCWP 估算研究

在工程造价系统中,由于造价系统是一个典型的大规模复杂非线性系统,单个状态变量的变化跟很多其他因素的变动有着直接或者间接的关系,在一定条件下其必然会发生分岔、混沌现象,分岔、混沌将影响造价系统的稳定运行。为了能够及时、系统地掌握和管理相关信息,有效防止在施工过程中出现造价投资失控,应运用混沌动力系统与神经网络进行结合,融合两者的优点,在EVM 的基础上,对显著性项目的 ACWP、BCWP 进行动态预测,以便在发生偏差之前实施可靠性高、准确度高的预测,分析原因,并给出控制措施,实时进行造价的控制分析。通过对工程造价混沌时间序列的整理及混沌-RBF 神经网络的建模预测进行仿真,

并将 RBF 神经网络应用于显著性项目的 ACWP、BCWP 预测中，仿真分析和结果表明，混沌-RBF 神经网络在短时间内具有预测精度高、可实用性强等优点，具有指导意义和应用价值。

7.2.1 建模步骤

1. 数据准备

根据国家推出的相应的工程规范，首先要做的就是将数据以相应规范中的条目进行标注，力求做到标准化、统一化。根据均值理论，找出项目的显著性成本项目（Cost Significant Items，CSIs），CSIs 是在整个工程量清单中，对资金的消耗相对较大的工程项目，其对整个工程的造价起到关键性的作用。只需仅仅关注占项目总造价约 80％的显著性成本项目，就既能极大简化计算工作量，又能保证估算的精确度。对 CSIs 做好了预测或控制工作，就能有效地降低工程的总造价，节约工程的建造成本。在明确了 CSIs 发生时间的基础上，对多个时间点的 CSIs 成本进行数据搜集，搜集的时间序列需要等间隔进行采集，由于混沌系统具有对初始数值的极端敏感性特征，故在搜集数据时应该本着大量精细的原则，以保证预测最终数据的精度。最后，将搜集整理好的数据归到 0 上下浮动的数值，这样做的好处是可以便于观察，使数据无量纲化。

2. 重构相空间

在工程经济的系统中，单个状态变量的变化跟很多其他因素的变动有着直接或者间接的关系，因为非线性系统任一分量的演化是由与之相互作用的其他分量所决定的，所以这些相关分量的信息就隐含在任一分量的发展过程中。这样，就可以从某一分量一批时间序列数据中提取和恢复系统原来的规律，这种规律就是系统在相空间中的运动演化轨迹——混沌吸引子。采用系统中某个状态变量的变化数据，也就是时间序列，对整个系统进行近似模拟，其基本思想是考虑到对于每个系统来说，其都是一个有机的整体，系统的各个变量之间都存在着各种联系，其中某个状态变量的时间序列虽然不可能包含原系统的全部信息,但其本质上具有整体系统的特性。一般说来,非线性系统的相空间维数可能很高,甚至无穷,但是在大多数情况下维数并不知道。在实际问题中,对于给定的时间序列 $x_1, x_2, \cdots, x_{n-1}, x_n \cdots$,通常的做法是将其扩展到三维甚至更高维的空间中去,以便把时间序列中隐藏的信息充分显露出来,这就是延迟坐标状态相空间重构法。

根据所搜集的时间序列 $x_1, x_2, \cdots, x_{n-1}, x_n \cdots$ 重构相空间,其最终要得到的形式为:

$$X_i = (x_i, x_{i+t}, \cdots, x_{i+(m-1)t}) , i = 1, 2, \cdots$$

相空间中必存在函数 $F(X)$,使得延迟 τ 后的状态 $X(t+\tau)$ 和当前状态 $X(t)$ 之间满足

$$X(t+\tau) = F_\tau[X(t)]$$

式中,F 为待寻找的预测函数,用神经网络的强逼近能力模拟上式。有两个变量是需要确定的,分别是时间延迟 t 和嵌入维数 m。

(1)自相关法选取时间延迟 t

延迟时间是一个重要的相空间重构参数。最佳延迟时间 τ 不能选的太大也不能太小,当 τ 选择的太小时,延迟矢量各坐标值之间有很强的相关性,这时重构矢量被压缩在相空间的主对角线的周围,信息不易显露,产生冗余误差;而当 τ 选择的太大时,重构矢量各坐标值之间的关系几乎变成随机的,破坏了原系统各变量之间的内在关系,这时吸引子沿着与主对角线垂直的方向发散,将使得重构矢量包含的原动力系统信号失真,因此选取合适的 τ 使重构矢量保持原动力系统各变量之间的关系非常重要。经过对计算时间延迟的各种方法进行比较,发现相对于其他方法而言,自相关法的运行更加稳定,理论相对成熟,本书采用自相关法进行计算。

对于混沌时间序列 $\{x_i\}$,其时间跨度为 $j\tau$ 的自相关函数为:

$$R_{xx}(j\tau) = \frac{1}{N} \sum_{i=0}^{N-1} x_i x_{i+j\tau}$$

式中,τ 是时间的移动值,表示 t 到 $t+\tau$ 之间随机过程的相似程

度,当 $x(t)$ 的变化一定时, $R_{xx}(j\tau)$ 越大,则意味着 $x(t)$ 与 $x(t+\tau)$ 越相似。若 τ 越小,则 $x(t)$ 与 $x(t+\tau)$ 越相似,从而 $R_{xx}(j\tau)$ 越大。反之, τ 越大,则 $x(t)$ 与 $x(t+\tau)$ 的差别可能越来越大,最后以至 $x(t)$ 与 $x(t+\tau)$ 完全无关,而 $R_{xx}(j\tau)$ 越来越小直至趋近于 0。

因此固定 j,从而作出自相关函数关于时间 τ 的函数图像,则自相关函数下降到初始值的 $1-\dfrac{1}{e}$ 时,所得的时间 t 就是重构相空间的最佳时间延迟 τ。

(2)G-P 算法选取嵌入维数 m

本书采用 G-P 算法对嵌入维数进行选取。G-P 算法又称为饱和关联维数法。关联维数是对相空间中吸引子复杂程度的度量,也是一种分形维,它具有保守性、计算简洁性和稳定性等特点。对于随机序列,随着嵌入维数的升高,关联维数沿对角线不断增大;而对于混沌序列,随着嵌入维数的升高,关联维数会出现饱和现象,因而可以根据关联维数是否具有饱和现象来区分混沌与随机序列。

步骤如下:

①首先利用已有的时间序列 $\{x_i\}$,先给一个较小的值 m_0,结合上面得到的时间延迟,进行相空间重构。

②计算关联函数

$$C(r) = \lim_{N \to \infty} \frac{1}{N} \sum_{i,j=1}^{N} \theta(r - |Y(t_i) - Y(t_j)|)$$

式中, $|Y(t_i) - Y(t_j)|$ 为相点 $Y(t_i)$ 和 $Y(t_j)$ 之间的距离; $\theta(z)$ 为 Heaviside 函数, $C(r)$ 为一个累积分布函数,表示相空间中吸引子上两点之间距离小于 r 的概率。

③对于 r 的某个适当范围,吸引子的维数 d 与累积分布函数 $C(r)$ 应满足对数线性关系:

$$d(m) = \frac{\ln C(r)}{\ln r}$$

从而,由拟合求出对应于 m_0 的关联维数估计值 $d(m_0)$。

④增加嵌入维数 $m_1 > m_0$，重复计算步骤②、③，直到相应的维数估计值 $d(m)$ 不再随 m 的增长，而在一定误差范围内变动。此时的 d 就是吸引子的关联维数。再通过 $m \geqslant 2d+1$，求出最小的 m，即是我们需要选取的嵌入维数。

3. 计算 Lyapunov 指数

本部分对 Lyapunov 指数的计算，基本目的是判断需预测数据系统是否具有混沌特征，如果满足混沌系统的特征，才可以使用混沌理论对其进行预测。

由于小数据量方法的可靠性高、计算量不大、操作相对容易等优点，基于工程数据的特性的考虑，本书选取了小数据量方法对最大 Lyapunov 指数进行计算。

计算步骤如图 7-2 所示。

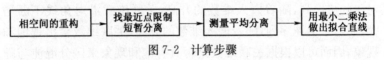

图 7-2　计算步骤

①在前文使用自相关法和 G-P 算法计算出的时间延迟 t 和嵌入维数 m 重构的相空间 $\boldsymbol{X}_i = (x_i, x_{i+t}, \cdots, x_{i+(m-1)t})$，$i = 1, 2, \cdots$ 中找相空间中每个点 X_j 的最临近点 $X_{\hat{j}}$，并限制短暂分离，即：

$$d_j(0) = \min_{\hat{j}} \| X_j - X_{\hat{j}} \|, \ |j - \hat{j}| > P$$

②对于相空间中每个点 X_j，计算出该临近点对的 i 个离散时间步长和距离 $d_j(i)$。

$$d_j(i) = | X_{j+i} - X_{\hat{j}+i} |, i = 1, 2, \cdots, \min(M-j, M-\hat{j})$$

③对每个 i，求出所有 j 的 $\ln d_j(i)$ 平均 $x(i)$，即：

$$x(i) = \frac{1}{q \Delta t} \sum_{j=1}^{q} \ln d_j(i)$$

式中，q 是非零 $d_j(i)$ 的数目，并用最小二乘法做出回归直线，此直线的斜率就是最大 Lyapunov 指数。计算出的最大 Lyapunov 指数必须大于 0 才能够使用本书所述的方法。

4. 基于混沌-神经网络的估算

由于混沌系统对初始条件极为敏感,系统的运动状态不可长期预测,但系统相邻轨道在短时间内发散较小,利用混沌时间序列可以进行短期预测。混沌时间序列内部有着一定的规律性,它产生于非线性又难于用通常的解析式表达出,RBF 神经网络正好可以处理这种信息,通过网络来学习混沌时间序列,并进行拟合和预测,同时也可使 RBF 网络的参数得到更好的优化,训练过程更加快速、稳定。混沌和 RBF 神经网络相结合的方法,可以充分利用混沌的随机性、初值敏感性等特点和 RBF 神经网络的大规模并行处理、自组织自适应性等功能,利用 RBF 神经网络的学习、逼近能力,结合混沌时间序列的嵌入维数、时延等参数构造混沌 RBF 神经网络。研究表明,根据混沌动力系统的相空间延迟坐标重构理论,基于神经网络的强大非线性映射能力,就可建立混沌时间序列的预测模型。

混沌-神经网络估算结构图详见图 7-3。

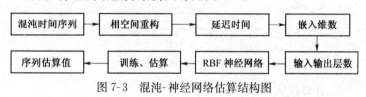

图 7-3　混沌-神经网络估算结构图

7.2.2　实例与仿真

1. 数据准备

将收集到的同类工程数据进行时间、地域等调整,消除因时间、地区、不同工程所带来的差异。通过 CS 理论,找出 CSIs(显著性项目),简化工作量,根据以往历史显著性项目造价收集到 1 300 个数据,搜集的时间序列以等间隔进行采集。最后将搜集整理好的数据归一到 0 上下浮动的数值,这样做的好处是可以便于观察,使数据无量纲化。

2. 计算最佳时间延迟 τ

在 MATLAB 中编程计算:

```
%自相关法(直接求 tau)
```

```
%自相关函数下降到初始值的 1-1/e 时的 tau 即为所求(tau 从 1 开始)
maxLags = 12;
IsPlot = 1;
t_AutoCorrelation = AutoCorrelation(X,maxLags,IsPlot)
```
最终确定最佳时延 $t=12$，详见图 7-4。

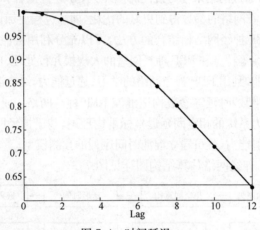

图 7-4   时间延迟 τ

3. 计算嵌入维数

可以根据 G-P 算法选取嵌入维数 d。

```
% G-P 算法计算关联维
rr = 0.5;
Log2R = -6:rr:0;              % log2(r)
R = 2.^(Log2R);
t = 12;                       % 时延
dd = 1;                       % 嵌入维间隔
D = 2:dd:10;                  % 嵌入维
p = 50;                       % 限制短暂分离,大于序列平均周期(不考
                                虑该因素时 p = 1)
tic
Log2Cr = log2(Correlation-
Integral(X,t,D,R,p));         % 输出每一行对应一个嵌入维
```

```
Toc
% 最小二乘拟合
Linear = [3:9];                  % 线性拟合区域
[A,B] = LM1(Log2R,
Log2Cr,Linear);                  % 最小二乘求斜率
for i = 1:length(D)
    Y = polyval([A(i),B(i)],Log2R(Linear),1);
    plot(Log2R(Linear),Y,'r');
end
% 求梯度
Slope = diff(Log2Cr,1,2)/rr;    % 求梯度
xSlope = Log2R(1:end-1);        % 梯度所对应的 log2(r)
```

最终确定嵌入维数 $d = 5$，详见图 7-5 和图 7-6 求梯度。

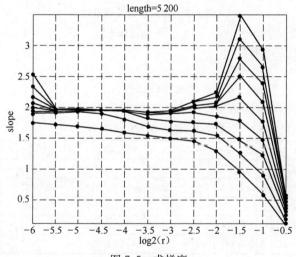

图 7-5　求梯度

4. 重构相空间

在 MATLAB 中编程计算：

```
t = 12;                         % 时延
d = 5;                          % 嵌入维数
n_tr = 1000;                    % 训练样本数
```

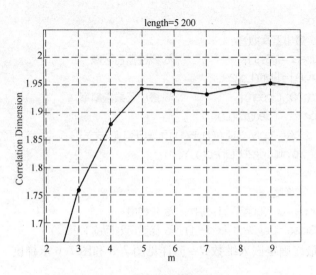

图 7-6　吸引子的关联维数

n_te = 300;　　　　　　　 ％ 测试样本数
％ 相空间重构
X = X(1:n_tr+n_te);
[XN_TR,DN_TR] = PhaSpaRecon(X(1:n_tr),t,d);

相空间重构结果详见表 7-1 和表 7-2。

表 7-1　数据表 XN_TR(万元)

D	1	...	60	...	260	...	341	...	640	...	951
1	−0.8605	...	−0.93785	...	−0.79369	...	−1.2253	...	−0.15274	...	−1.1107
2	−1.0959	...	−0.69477	...	−0.38401	...	−0.098121	...	−0.76905	...	0.47654
3	−0.82043	...	−1.0067	...	−0.96371	...	−0.085677	...	−1.4692	...	1.6957
4	−0.77651	...	−1.062	...	−1.3074	...	−0.81926	...	−0.39518	...	0.72037
5	−1.1008	...	−0.66494	...	−0.3195	...	−1.639	...	−0.26243	...	0.72037

表 7-2　数据表 DN_TR(万元)

D	1	...	60	...	260	...	341	...	640	...	951
1	−1.1147	...	−0.65627	...	−0.28843	...	−1.475	...	−0.29152	...	0.67366

5. 计算 Lyapunov 指数

在 MATLAB 中编程，调用 Lyapunov 指数计算函数：

$Y = \text{Lyapunov\_rosenstein\_2}(X, fs, t, d, tmax, p)$，计算结果详见图 7-7。

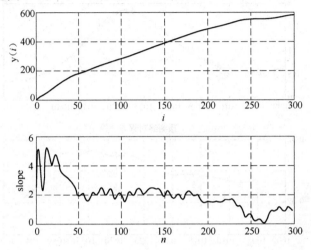

图 7-7　计算 Lyapunov 指数

求出所有 j 的 $\ln d_j(i)$ 平均 $x(i)$，即：

$$x(i) = \frac{1}{q\Delta t} \sum_{j=1}^{q} \ln d_j(i)$$

最终得到 Lyapunov1_e=1.4607>0，说明数据序列呈混沌状态，可以使用混沌分析方法。

6. 混沌-神经网络预测 ACWP、BCWP（已完 CSIs 工程量预算造价，即已获价值）

以 ACWP 预测为例，BCWP 依次类推：

n_tr=1000;%训练样本数

n_te=300;%测试样本数

将数据表 XN_TR 与数据表 DN_TR 作为 RBF 神经网络的输入和输出，进行学习。利用训练好的权值进行下一步的预测。为了能清楚看到预测变化，使数据无量纲化，把数据做预处理，归一到 0 上下浮动。多步预测是反映预测模型性能的一个主要方面，在实际应用中具有重要意义，为此研究了基于混沌-神经网络的造价多步预测性能。多步预测：n_pr =50，最大绝对误差大概在 0.02 左右,详见图 7-8。

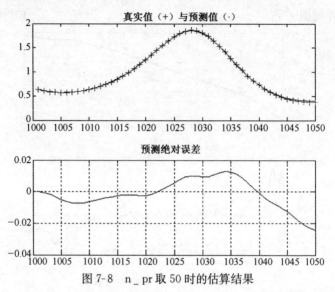

图 7-8　n_pr 取 50 时的估算结果

n_pr =150,最大绝对误差大概在 0.2 左右,详见图 7-9。

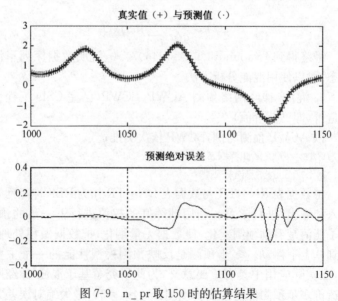

图 7-9　n_pr 取 150 时的估算结果

n_pr =300,最大绝对误差大概在 4 左右,误差较大,详见图 7-10。

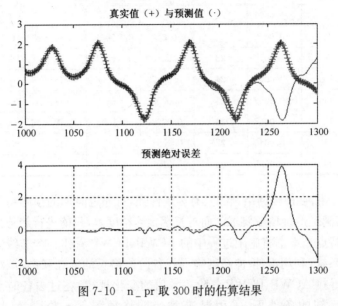

图 7-10 n_pr 取 300 时的估算结果

由图 7-10 可见,当预测步数增加到 n_pr=300 时,误差逐渐增大,偏离实际值较大。可见,混沌的特性是对于长期数据具有不可预测性,符合混沌的特点。

选取 n_pr=50 时,混沌-神经网络对 ACWP 进行预测,结果详见表 7-3。

表 7-3 混沌-神经网络估算结果

序列	ACWP 预测绝对误差					
1	−0.0001	15	−0.0024	⋮	37	0.0086
2	−0.0006	16	−0.0020	⋮	38	0.0056
3	−0.0017	17	−0.0019	⋮	39	0.0023
4	−0.0032	18	−0.0022	⋮	40	−0.0009
5	−0.0049	19	−0.0025	⋮	41	−0.0038
6	−0.0063	20	−0.0024	⋮	42	−0.0062

序列	ACWP 预测绝对误差					
7	−0.0071	21	−0.0016	⋮	43	−0.0082
8	−0.0073	22	−0.0003	⋮	44	−0.0102
9	−0.0070	23	0.0016	⋮	45	−0.0125
10	−0.0064	24	0.0037	⋮	46	−0.0153
11	−0.0057	25	0.0058	⋮	47	−0.0183
12	−0.0048	26	0.0078	⋮	48	−0.0211
13	−0.0040	27	0.0094	⋮	49	−0.0231
14	−0.0032	28	0.0101	⋮	50	−0.0243

　　混沌-神经网络预测具有客观性强,对邻近时期的预测精度较高,满足造价精度要求。而对长期预测精度差,只能进行趋势预测的特点。本书将施工过程中的 ACWP、BCWP 看作一个非线性复杂系统,利用混沌-神经网络寻找各阶段增长的内在联系,该法试图寻找 ACWP、BCWP 各阶段数值的变化规律,在过去各时点数据已知的条件下,采用混沌-神经网络预测下一阶段 ACWP、BCWP 的值,根据预测结果采取预控措施,是采用事前控制方法进行投资控制的一种方法。实例仿真表明,该方法对于一定时期内的预测具有较高精确度。

7.2.3　本节小结

　　混沌-神经网络预测是通过基于工程造价时间序列客观存在的内在混沌特性实现的,RBF 神经网络的预测模型输入端完全由混沌特征决定,这样避免了以往预测方法中的主观确定因素的影响。但该模型仍存在一些不足之处,比如:必须要有一定数量的时间序列做基础数据,否则不易提取出发展过程中相关分量隐含在任意分量的内在规律,难以从某一分量的时间序列数据中提取和恢复出系统原来的动力系统。其次,G-P 算法也存在一些缺点,如要求数据量很大且数据不含有噪声,而实验数据或多或少都含有噪声,因此利用 G-P 算法得到的关联维数存在一定的误差。再者,在目前确定嵌入维数的方法中,伪邻点法、奇异值分解法、Cao法、饱和关联维数法是比较好的方法,但是各自都有些不足,以上问题有待进一步改进和完善。

7.3 已完工程 CSIs 的 GM(1,1)模型 预测 ACWP、BCWP

由于工程造价受多种因素影响,构成复杂,存在着造价信息具有较大的模糊性,可利用样本较小、贫信息等不完善问题,这种信息不完全确定的半封闭系统表现出一种高度的灰色状态,灰色系统理论在此方面具有独特的优势。与其他估算方法相比,灰色系统理论对样本没有严格要求,不需要样本服从任何分布,特别是它对时间序列短、统计数据少、信息不完全系统的建模与分析具有独特的功效。它成为社会、经济、科教、技术等很多领域进行预测、决策、评估、规划、控制、系统分析与建模的重要方法之一。本书以已获价值理论(EVM)为基础,通过找出显著性项目时间序列,拟用GM(1,1)模型对项目实施过程已完工程的 CSIs 进行预测,利用灰色系统理论的优势,以有效解决灰色状态下显著性项目造价估算在应用中的问题。

本节试图在工程项目建造过程中,引入显著性成本 CSIs 理论简化建造成本计算和控制工作量,适时根据已获价值理论 EVM监控项目 CSIs 进度,并根据已完工程 CSIs 的 ACWP、BCWP 实际数据,运用 GM(1,1)模型预测下一阶段拟完工程项目 CSIs 的ACWP、BCWP 可能值,运用 EVM 进行分析,制定预控措施进行控制,以实现建设成本预控和适时监控目的。

7.3.1 灰色系统理论模型

1. 灰色系统理论

自然界对人类社会来讲不是白色的(全部都知道),也不是黑色的(一无所知),而是灰色的(半知半解)。人类的思考、行为也是灰色的,人类其实是生存在一个高度的灰色信息关系空间之中,例如:人体系统、粮食生产系统等。部分信息已知,部分信息未知的系统,称为灰色系统。不同情况下,"灰"可以转化和引申为不同的含义,信息不完全和非唯一性是"灰"的主要含义。灰色理论是有关灰色系统建立模型、控制模型、预测、决策、优化等问题的理论。该理论认为系统的行为现象尽管是朦胧的,数据是复杂的,但毕竟有序,是有整体功能的。灰色预测方法是灰色系统理论的重要组成部分,是一种对含有不确定因素的系统进行预测的方法。通过鉴别系统因素之间发展趋势的相异程度,进行相关联分析,通过对原始数据进行生成处理来寻找系统的变化规律,生成较强规律的数据序列,然后建立相应的微分方程模型。

2. 数列 GM(1,1)预测模型

灰色预测方法的特点表现在:首先是它把离散数据视为连续变量在其变化过程中所取的离散值,从而可利用微分方程式处理数据;而不直接使用原始数据,而是由它产生累加生成数,对生成数列使用微分方程模型。这样,可以抵消大部分随机误差,显示出规律性。灰色系统理论的微分方程成为 GM 模型,G 表示 Gray(灰色),M 表示 Model(模型),GM(1,1)表示 1 阶的、1 个变量的微分方程模型。

(1)GM(1,1)建模过程和机理如下:

数据的变换为数据生成;灰色理论对灰量、灰过程的处理不是找概率分布求统计规律,而是利用"生成"方法,求得随机性弱化,规律性强化的新数列,此数列的数据称为生成数。对非负数据,累加次数越多则随机性弱化越多,累加次数足够大后,可认为时间序列已由随机序列变为非随机序列。

记原始数据序列 $X^{(0)}$ 为非负序列。

$$X^{(0)} = \{x^{(0)}(1), x^{(0)}(2), x^{(0)}(3), \cdots, x^{(0)}(n)\}$$

式中,$x^{(0)}(k) \geqslant 0, k = 1, 2, \cdots, n$。

其相应的生成数据序列为 $X^{(1)}$

$$X^{(1)} = \{x^{(1)}(1), x^{(1)}(2), x^{(1)}(3), \cdots, x^{(1)}(n)\}$$

$$x^{(1)}(k)=\sum_{i=1}^{k}x^{(0)}(i),k=1,2,\cdots,n$$

$Z^{(1)}$ 为 $X^{(1)}$ 的紧邻均值生成序列,均值生成常用于对历史数据不全的情况做出整理和补充。

$$Z^{(1)}=\{z^{(1)}(1),z^{(1)}(2),\cdots,z^{(1)}(n)\}$$

式中,$Z^{(1)}(k)=0.5x^{(1)}(k)+0.5x^{(1)}(k-1),k=1,2,\cdots,n$。

称 $x^{(0)}(k)+az^{(1)}(k)=b$ 为 GM(1,1)模型,其中 a , b 是需要通过建模求解的参数,若 $a=(a,b)^{\mathrm{T}}$ 为参数列,且

$$Y=\begin{bmatrix}x^{(0)}(2)\\x^{(0)}(3)\\\vdots\\x^{(0)}(n)\end{bmatrix},B=\begin{bmatrix}-z^{(1)}(2)&1\\-z^{(1)}(3)&1\\-z^{(1)}(4)&1\\-z^{(1)}(5)&1\end{bmatrix}$$

则求微分方程 $x^{(0)}(k)+az^{(1)}(k)=b$ 的最小二乘估计系数列,满足

$$\hat{a}=(B^{\mathrm{T}}B)^{-1}B^{\mathrm{T}}Y$$

称 $\dfrac{\mathrm{d}x^{(1)}}{\mathrm{d}t}+ax^{(1)}=b$ 为灰微分方程; $x^{(0)}(k)+az^{(1)}(k)=b$ 为白化方程,也叫影子方程。

如上所述,则有

白化方程 $\dfrac{\mathrm{d}x^{(1)}}{\mathrm{d}t}+ax^{(1)}=b$ 的解或称时间响应函数为

$$\hat{x}^{(1)}(t)=\left[x^{(1)}(0)-\frac{b}{a}\right]\mathrm{e}^{-at}+\frac{b}{a}$$

GM(1,1)灰微分方程 $x^{(0)}(k)+az^{(1)}(k)=b$ 的时间响应序列为

$$\hat{x}^{(1)}(k+1)=\left[x^{(1)}(0)-\frac{b}{a}\right]\mathrm{e}^{-ak}+\frac{b}{a},k=1,2,\cdots,n$$

取 $x^{(1)}(0)=x^{(0)}(1)$,则

$$\hat{x}^{(1)}(k+1)=\left[x^{(0)}(1)-\frac{b}{a}\right]\mathrm{e}^{-ak}+\frac{b}{a},k=1,2,\cdots,n$$

还原值

$$\hat{x}^{(0)}(k+1) = \hat{x}^{(1)}(k+1) - \hat{x}^{(1)}(k), k=1,2,\cdots,n$$

(2)灰色系统的检验

设原始序列

$$X^{(0)} = \{x^{(0)}(1), x^{(0)}(2), \cdots, x^{(0)}(n)\}$$

相应的模型模拟序列

$$\hat{X}^{(0)} = \{\hat{x}^{(0)}(1), \hat{x}^{(0)}(2), \cdots, \hat{x}^{(0)}(n)\}$$

残差序列

$$\varepsilon^{(0)} = \{\varepsilon(1), \varepsilon(2), \cdots, \varepsilon(n)\}$$
$$= \{x^{(0)}(1) - \hat{x}^{(0)}(1), x^{(0)}(2) - \hat{x}^{(0)}(2), \cdots, x^{(0)}(n) - \hat{x}^{(0)}(n)\}$$

相对误差序列

$$\Delta = \left\{ \left| \frac{\varepsilon(1)}{x^{(0)}(1)} \right|, \left| \frac{\varepsilon(2)}{x^{(0)}(2)} \right|, \cdots, \left| \frac{\varepsilon(n)}{x^{(0)}(n)} \right| \right\}$$
$$= \{\Delta_k\}_1^n$$

对于 $k<n$, $\Delta_k = \left| \dfrac{\varepsilon(k)}{x^{(0)}(k)} \right|$ 为 k 点模拟相对误差, $\Delta_n = \left| \dfrac{\varepsilon(n)}{x^{(0)}(n)} \right|$ 为滤波相对误差, $\bar{\Delta} = \dfrac{1}{n} \sum\limits_{k=1}^{n} \Delta_k$ 为平均模拟相对误差; $1-\bar{\Delta}$ 为平均相对精度, $1-\Delta_n$ 为滤波精度。

给定 α, 当 $\bar{\Delta} < \alpha$ 且 $\Delta_n < \alpha$ 成立时, 称模型为残差合格模型。

设 $X^{(0)}$ 为原始序列, $\hat{X}^{(0)}$ 为相应的模拟误差序列, ε 为 $X^{(0)}$ 与 $\hat{X}^{(0)}$ 的绝对关联度, 若对于给定的 $\varepsilon_0 > 0, \varepsilon > \varepsilon_0$, 则称模型为关联合格模型。

设 $X^{(0)}$ 为原始序列, $\hat{X}^{(0)}$ 为相应的模拟误差序列, $\varepsilon^{(0)}$ 为残差序列。

$\bar{x} = \dfrac{1}{n} \sum\limits_{k=1}^{n} x^{(0)}(k)$ 为 $X^{(0)}$ 的均值;

$s_1^2 = \dfrac{1}{n} \sum\limits_{k=1}^{n} [x^{(0)}(k) - \bar{x}]^2$ 为 $x^{(0)}$ 的方差;

$$\overline{\varepsilon} = \frac{1}{n}\sum_{k=1}^{n}\varepsilon(k) \text{ 为残差均值;}$$

$$s_2^2 = \frac{1}{n}\sum_{k=1}^{n}[\varepsilon(k) - \overline{\varepsilon}]^2 \text{ 为残差方差。}$$

$c = \dfrac{s_2}{s_1}$ 为均方差比值;对于给定的 $c_0 > 0$,当 $c < c_0$ 时,称模型为均方差比合格模型。

$p = p(|\varepsilon(k) - \overline{\varepsilon}| < 0.6745s_1)$ 为小误差概率;对于给定的 $p_0 > 0$,当 $p > p_0$ 时,称模型为小误差概率合格模型。

一般情况下,最常用的是相对误差检验指标。精度检验等级参照表如表 7-4 所示。

表 7-4 精度检验等级参照表

指标临界性 精度等级	相对误差	关联度	均方差比值	小误差概率
一级	0.01	0.90	0.35	0.95
二级	0.05	0.80	0.50	0.80
三级	0.10	0.70	0.65	0.70
四级	0.20	0.60	0.80	0.60

7.3.2 显著性项目造价与灰色系统的关系

按照"显著性理论"的思想,在考虑问题时就可以抓住对整个问题有重要作用的 20% 着重解决和处理,这 20% 可以既节省时间和资源又解决问题。尤其对于现在投资额上亿、上千亿元的项目,对显著性项目造价的估算的把握有着重要的意义,在全生命周期显著性造价估算方法中,CSIs 造价的测算尤为重要。显著性项目造价受多种因素影响,既有宏观因素,又有微观因素;既有确定性因素又有不确定性因素。造价的发生通常由许多因素共同所致。而这些因素间互相作用大小,对造价影响程度等都是不明确的,各因素的边界存在极大的模糊性和不确定性。构成显著性项目造价系统的各种关系是灰色的,如前所述,这个系统包括确定的、已知的信息，也包括不确定的、未知的信息。基于这些考虑，我们完全可以把造价系统视为一个灰色系统，以前后为同质或类似工程的显著性造价项目为研究对象，应用灰色理论进行研究分析。在项目实施过程中，每一阶段项目投资具有动态特征和不确定性，符合灰色系统的特点，可视为一个独立的灰色系统。本书拟用 GM(1, 1)模型对项目实施过程已完的同质或类似工程 CSIs 的 ACWP、BCWP 进行预测。

7.3.3 灰色 GM(1,1)模型在显著性项目造价估算中的应用

表 7-5 是某公路工程施工数据，以对 ACWP 的估算为例，表中"当月造价"是该月完成工程 CSIs 的实际成本，"累计造价"是截至该月底已完工程 CSIs 的实际成本即 ACWP。表中，"当月造价"中第 1～4 个月数据是构建 GM(1,1)模型的数据输入，根据这 4 个数据计算模型参数；"当月造价"第 5～9 个数据作为检验数据。预测结果见表 7-5。将施工过程中各个时点的 ACWP 看作一个灰系统，其各阶段增长具有内在联系，该法试图寻找 ACWP 各阶段数值的变化规律，在过去各时点数据已知的条件下，采用 GM(1,1)预测下一阶段 ACWP 的值。

试建立 GM(1,1)模型的白化方程及时间响应式，并对 GM(1,1)模型进行检验，首先预测该工程 1～4 月显著性项目造价。

设时间序列为

$$X^{(0)} = \{x^{(0)}(1), x^{(0)}(2), x^{(0)}(3), x^{(0)}(4)\}$$
$$= (27260, 29547, 62411, 35388)$$
$$X^{(1)} = \{x^{(1)}(1), x^{(1)}(2), x^{(1)}(3), x^{(1)}(4)\}$$
$$= (27260, 56807, 89218, 124606)$$

对 $X^{(1)}$ 作紧邻均值生成，令

$$Z^{(1)}(k) = 0.5x^{(1)}(k) + 0.5x^{(1)}(k-1)$$
$$Z^{(1)} = \{z^{(1)}(1), z^{(1)}(2), z^{(1)}(3), z^{(1)}(4)\}$$
$$= (27260, 42033.5, 73012.5, 106912)$$

则

$$B = \begin{bmatrix} -z^{(1)}(2) & 1 \\ -z^{(1)}(3) & 1 \\ -z^{(1)}(4) & 1 \end{bmatrix} = \begin{bmatrix} -42033.5 & 1 \\ -73012.5 & 1 \\ 106912 & 1 \end{bmatrix}, \quad Y = \begin{bmatrix} x^{(0)}(2) \\ x^{(0)}(3) \\ x^{(0)}(4) \end{bmatrix} = \begin{bmatrix} 29547 \\ 32411 \\ 35388 \end{bmatrix}$$

对参数列 $\hat{a} = [a,b]^{\mathrm{T}}$ 作最小二乘估计,得

$$\hat{a} = (B^{\mathrm{T}}B)^{-1}B^{\mathrm{T}}Y = \begin{bmatrix} -0.089995 \\ 25790.28 \end{bmatrix}$$

设 $\dfrac{\mathrm{d}x^{(1)}}{\mathrm{d}t} - ax^{(1)} = b$,由于

$$a = -0.089995, b = 25790.28$$

可得 GM(1,1)模型的白化方程

$$\frac{\mathrm{d}x^{(1)}}{\mathrm{d}t} - [-0.089995x^{(1)}] = 25790.28$$

其时间响应式为

$$\begin{cases} \hat{x}^{(1)}(k+1) = \left[x^{(0)}(1) - \dfrac{b}{a} \right] e^{-ak} + \dfrac{b}{a} = 313834 e^{0.089995k} - 286574 \\ \hat{x}^{(0)}(k+1) = \hat{x}^{(1)}(k+1) - \hat{x}^{(1)}(k) \end{cases}$$

由此得模拟序列

$$\hat{X}^{(0)} = \{\hat{x}^{(0)}(1), \hat{x}^{(0)}(2), \hat{x}^{(0)}(3), \hat{x}^{(0)}(4)\}$$
$$= (27260, 29553, 32336, 35381)$$

精度检验:

残差序列

$$\varepsilon^{(0)} = (\varepsilon^{(0)}(1), \varepsilon^{(0)}(2), \varepsilon^{(0)}(3), \varepsilon^{(0)}(4))$$
$$= (0, -6, 75, 7)$$

$$\Delta = \left\{ \left| \frac{\varepsilon^{(0)}(1)}{x^{(0)}(1)} \right|, \left| \frac{\varepsilon^{(0)}(2)}{x^{(0)}(2)} \right|, \left| \frac{\varepsilon^{(0)}(3)}{x^{(0)}(3)} \right|, \left| \frac{\varepsilon^{(0)}(4)}{x^{(0)}(4)} \right| \right\}$$
$$= (0, 0.0002, 0.00231, 0.0002) \underline{\underline{\triangleq}} (\Delta_1, \Delta_2, \Delta_3, \Delta_4)$$

平均相对误差

$$\Delta = \frac{1}{4} \sum_{k=1}^{4} \Delta_k = 0.00068 = 0.068\% < 0.01$$

模拟误差 $\Delta_4 = 0.0002 = 0.02\% < 0.01$，精度一级。

计算 $X^{(0)}$ 与 $\hat{X}^{(0)}$ 的灰色关联度 ε：

$$|S| = \left| \sum_{k=2}^{3} [x^{(0)}(k) - x^{(0)}(1)] + \frac{1}{2}[x^{(0)}(4) - x^{(0)}(1)] \right| = 11502$$

$$|\hat{S}| = \left| \sum_{k=2}^{3} [\hat{x}(k) - \hat{x}(1)] + \frac{1}{2}[\hat{x}(4) - \hat{x}(1)] \right| = 11429.5$$

$$|\hat{S} - S| = \left| \sum_{k=2}^{3} \{[\hat{x}^{(0)}(k) - \hat{x}^{(0)}(1)] - [x^{(0)}(k) - x^{(0)}(1)]\} + \right.$$

$$\left. \frac{1}{2}\{[\hat{x}^{(0)}(4) - \hat{x}^{(0)}(1)] - [x^{(0)}(4) - x^{(0)}(1)]\} \right|$$

$$= 72.5$$

$$\varepsilon = \frac{1 + |S| + |\hat{S}|}{1 + |S| + |\hat{S}| + |\hat{S} - S|}$$

$$= \frac{1 + 11502 + 11429.5}{1 + 11502 + 11429.5 + 72.5} = 0.997 > 0.90$$

精度为一级。

计算均方差比

$$\bar{x} = \frac{1}{4} \sum_{k=1}^{4} x^{(0)}(k) = 31151.5$$

$$S_1^2 = \frac{1}{4} \sum_{k=1}^{4} [x^{(0)}(k) - \bar{x}]^2 = 9313116.25, S_1 = 3051.74$$

$$\bar{\varepsilon} = \frac{1}{4} \sum_{K=1}^{4} \varepsilon(K) = 19$$

$$S_2^2 = \frac{1}{4} \sum_{k=1}^{4} [\varepsilon(k) - \bar{\varepsilon}]^2 = 1066.5, s_2 = 32.66$$

所以，$c = \dfrac{S_2}{S_1} = \dfrac{32.66}{3051.74} = 0.011 < 0.35$，均方差比值为一级。

计算小误差概率

$$0.6745 S_1 = 2058.40$$

$$|\varepsilon(1)-\overline{\varepsilon}|=19, |\varepsilon(2)-\overline{\varepsilon}|=25$$
$$|\varepsilon(3)-\overline{\varepsilon}|=56, |\varepsilon(4)-\overline{\varepsilon}|=12$$

所以，$P=P(|\varepsilon(k)-\overline{\varepsilon}|<0.6745S_1)=1>0.95$

小误差概率为一级，故可用

$$\begin{cases} \hat{x}^{(1)}(k+1)=313834e^{0.089995k}-286574 \\ \hat{x}^{(0)}(k+1)=\hat{x}^{(1)}(k+1)-\hat{x}^{(1)}(k) \end{cases}$$

进行预测，5～9月显著性项目造价估算值为

$$\hat{X}^{(0)}=\{\hat{x}^{(0)}(5),\hat{x}^{(0)}(6),\hat{x}^{(0)}(7),\hat{x}^{(0)}(8),\hat{x}^{(0)}(9)\}$$
$$=(38713,42359,46318,50712,55488)$$

表 7-5　某公路工程 1～9 月份实际造价 ACWP　（单位：千元）

月份	1	2	3	4	5	6	7	8	9
当月造价	27260	29547	32411	35388	38700	42349	46313	50718	55500
预测值	27260	29553	32336	35381	38713	42359	46318	50712	55488
绝对误差	0	−0.02	0.231	0.01	−0.03	−0.023	−5.00	6	12
累计造价	27260	56807	89218	12466	163306	205655	251968	302686	358186
预测值	27260	56792	89226	12460	163304	205655	251973	302675	358179
相对误差	0	−0.03	0.01	−0.05	0	0	0	0	0

　　根据估算结果，基于灰色系统方法对显著性项目造价的估算与实际显著性项目造价结果极其相近，精度较高，检验误差均为一级，利用灰色系统理论在过去各时点数据已知的条件下，采用灰色 GM(1,1)模型预测下一阶段 ACWP、BCWP 的值，根据预测结果采取预控措施，进行事前控制。实例分析表明，该方法对于短时期内的预测具有较高精确度。证明用基于时间序列的灰色 GM(1,1)模型估算 ACWP、BCWP 造价是可行的。

7.3.4　本节小结

　　灰色预测具有所需数据少，对邻近时期的预测精度较高，而对长期预测精度差，只能进行趋势预测的特点。根据预测结果采取

预控措施,也体现了事前进行投资控制的一种方法。对公路工程的案例实证表明,该方法对于预测临近时期的 ACWP 具有较高精确度。灰色模型建模相对那些复杂建模有简练、易得等特点,并且通过一次累加基本克服了数据的随机性,使规律性更加明显。灰色理论利用处理已知数据的方法来寻找过去统计数据间的规律,弥补了数理统计方法因数据过多带来计算量过大的缺陷,并且扩大了其应用范围。但该模型仍存在不足之处,如在长期预测中,会造成造价误差的加大,与实际值相差甚远;直接采用数据均值生成序列也过于随意,在以后的造价估算控制研究中该模型仍有进一步改进的空间。

第8章 结论及展望

8.1 结 论

从全过程造价到全生命周期造价思想的转变和寻找复杂系统的高精度估算及控制模型是本书要重点研究的两项内容。

本书以全生命显著性造价(WLCS)为基础平台,主要探讨了各种智能计算方法以及各种智能融合算法在 WLCS 中估算及控制的应用问题。具体包括:粗糙集理论(RS)、变精度粗糙集(VP-RS)、遗传神经网络(GA-BPNN)、粗糙集神经网络(RS-NN)粒子群-径向基神经网络(PSO-RBF)、混沌神经网络(Chaos-RBF)、已获价值理论(EVM)、灰色系统理论(GM(1,1))等算法的应用,以工程建设期间的工程量清单和工程运营维护期间的费用数据为研究对象,从工程全生命周期的角度验证了 CS 理论和各种智能融合模型的有效性。建立工程项目的 WLCS 模型,并运用实际的工程数据验证了模型的准确度。通过理论推导和计算机编程仿真验证,本书得到了以下结论:

①把显著性理论和全生命周期造价理论结合起来,通过验证,发现 CS 理论可以大幅度地减少工作量,并且提高了 WLC 估算的精度,更好地解决项目的造价投资与控制问题。

②提出了运用各种智能融合算法,即:粗糙集理论(RS)、变精度粗糙集(VP-RS)、遗传神经网络(GA-BPNN)、粗糙集神经网络(RS-NN)、粒子群-径向基神经网络(PSO-RBF)、混沌神经网络(Chaos-RBF)、已获价值理论(EVM)等智能算法在 WLCS 中的应用。并且验证了在 WLCS 中的应用是有效可行的。

③各种智能算法之间的融合问题,并且通过实例与仿真实验的性能对比分析,验证了智能算法融合之后的有效性和优越性。

8.2 展　　望

由于自身水平的有限,本书的研究工作和结论中必然存在着不足和缺陷之处。从本书现有的研究成果出发,对后续研究工作提出以下几点参考意见:

由于条件限制,本书只对公路工程中项目进行研究,研究范围比较狭窄,建议在数据、条件充足的情况下,对多项工程进行更为广泛、深入的研究。

对于各种智能融合算法的研究还是欠缺的,需要进行更深层次的融合性能研究,另外各种智能融合模型的使用条件各有优缺点,需视不同情况下使用,融合模型仍有待进一步改进。

在对粗糙集的研究中,离散化方法尚需要改进,建议后续研究者针对工程数据本身的特点来确定合适的离散化方法进行研究。

由于运营维护数据收集不足,本书对此研究的不够深入,建议后续研究者在运营维护数据的划分、界定范围以及如何有效地融入 WLC 中进行进一步研究。

建议在后续的研究工作中,逐步建立全生命周期造价的数据库,其中包括 CSIS、CSF 等多种工程参数,以此构建 WLC 信息管理系统,在信息系统构建的编程中可考虑采用粗糙集,或者变精度粗糙集算法来提取工程特征和挖掘类似工程,采用各种智能融合神经网络进行造价的估算和控制,逐步健全全生命周期造价的应用范围。

参 考 文 献

[1] 董士波. 全生命周期工程造价研究[D]. 哈尔滨:哈尔滨工程大学,2003.

[2] 段晓晨. 政府投资项目全面投资控制理论和方法研究[D]. 天津:天津大学,2006.

[3] ASIF M. Simple Generic Models for Cost - Significant Estimating of Construction Project Cost[D]. Dundee:The University of Dundee,1988.

[4] AI - HAJJ. A Simple Cost - Significant Models for Total Life - Cycle Costing in Buildings[D]. Dundee:The University of Dundee,1991.

[5] 董士波. 全过程工程造价管理与全生命周期工程造价管理之比较[J]. 经济师, 2003(12):136.

[6] FLANAGAN R,Jewell C. Whole Life Appraisal for Construction[M]. London: Blackwell Science,2005.

[7] KUSIAK A. Rough Set Theory:A Data Mining Tool for Semiconductor Manufacturing[J]. IEEE Transactions on Electronics Packaging Manufacturing, 2001,4(5):79-84.

[8] BLANCHARD B S,FABRYCKY W J. Life Cycle Cost and Economic Analysis [M]. Prentice Hall,New York,1991.

[9] BATTEN,ROGER M. Energy and Cost-Total Cost Management Discussion:The Global Gas Industry [J]. Cost Engineering,1995,17(9):34-49.

[10] 董士波. 工程造价管理理论的现状及发展趋势[J]. 工程造价管理,2003(6):19 -23.

[11] K BOURKE,V Ramdas,S Singh,A Green,A Crudgington,Mootanah D. Achieving Whole Life Value in Infrastructure and Buildings[M]. UK:BRE,2005.

[12] CAMPI,JOHNP. Total Cost Management at Parker Hannifin[J]. Management Accounting January,1989,11(6):37-46.

[13] 戚安邦. 工程项目全面造价管理[M]. 天津:南开大学出版社,2000.

[14] 何清华. 建设项目集成化管理模式的研究[D]. 上海:同济大学,2000.

[15] 董士波,任国强. 工程造价 CALS 的研究[J]. 哈尔滨工程大学学报,2003,22 (1):9-13.

[16] 孟宪海. 全寿命周期成本分析在工程项目中的应用[J]. 建筑经济,2007(10):27 -31.

[17] 任国强,尹贻林. 基于范式转换角度的全生命周期工程造价管理研究[J]. 中国

软科学,2003(5):148-151.

[18] 王瑾. 地铁工程全生命周期造价的确定与控制[J]. 铁路工程造价管理,2008 (9):12-16.

[19] 程杰. 基于 CS 理论的全生命周期工程造价的研究[D]. 石家庄:石家庄铁道学院,2008.

[20] BEAUBOUEF T, Ladner R, Petry F. Rough Set Spatial Data Modeling for DataMining[M]. International Journal of Intelligent Systems,2004.

[21] SAKET M. Cost Significance Applied to Estimating and Control of Construction Projects [D]. Dundee:The University of Dundee,1986.

[22] SHANG C,SHEN Q. Rough Feature Selection for Neural Network Based Image Clas - sifiction[M]. International Journal of Image and Graphics,2002.

[23] 邵宏. 浙江省公路工程造价控制研究[D]. 杭州:浙江大学,2002.

[24] 段晓晨,余建星,张建龙. 基于 CS、WLC、BPNN 理论预测铁路工程造价的方法 [J]. 铁道学报,2006,28(6):117-122.

[25] LMIRCEAL Negoita, Daniel Neagu, Vasile Palade. Computational Lntelligence [M]. Engineering of Hybrid Systems ,Springer,2005.

[26] 许广林. 智能融合的定性映射模型及其属性计算网络实现技术的研究[D]. 上海:上海海事大学,2007.

[27] 俞迎达,祁传达,卢士堂. 投资控制模型的渐进性质[J]. 应用数学,1998(11):34 -38.

[28] HORNER, R M V, ZAKIEH R. Beyond Bridge:An Integrated Model for Estimating and Controlling Reinforced Concrete Bridge Construction Costs and Durations[J]. Highways and Transportation,1993,40(11):11-14.

[29] 徐岳,武同乐. 桥梁加固工程生命周期成本横向对比分析[J]. 长安大学学报(自然科学版),2004,24(3):30-34.

[30] 段晓晨,张晋武,李利军,张健龙. 政府投资项目全面投资控制理论和方法研究 [M]. 北京:科学出版社,2007.

[31] FERRY D. J. Q,Flanagan R. Life Circle Costing-A Radical Approach[J]. Report 122,CIRIA,London,1991:98-110.

[32] KISHK M,Al- Hajj A,Pollock R,Aouad G,Bakis N,Sun M. Whole Life Costing in Construction:A State of the Art Review [J]. Research Papers, RICS Foudation,London,2003,41(8):102-116.

[33] 程鸿群,姬晓飞,陆菊春. 工程造价管理[M]. 武汉:武汉大学出版社,2004.

[34] 李建雄,张丽荣. 建设项目投资的阶段性控制[J]. 内蒙古科技与经济,2001(3): 21-22.

[35] 王泽云,王风. 公路工程设计阶段造价控制方法[J]:交通科技,2003(4):106

-108.

[36] 陈世明. 以设计阶段为重点进行建设项目的投资控制[J]. 甘肃水利水电技术,2001(9):172-173.

[37] SAIED YOUSEFI, TAREK HEGAZY, RENATO A C CAPURUCO, et al. System of Multiple ANNs for Online Planning of Numerous Building Improvements[J]. Neurocomputing,2008,3(4):346.

[38] 段晓晨,程杰,华波涛. 显著性全生命周期造价 WLCS 实证分析研究[D]. 石家庄:石家庄铁道学院,2008.

[39] 孙士宝. 变精度粗糙集模型及其应用研究[D]. 四川:西南交通大学,2007.

[40] 张勇. 粗糙集-神经网络智能系统在悬浮过程中的应用研究[D]. 大连:大连理工大学,2005.

[41] PAWLAKZ. RoughSets:Theoretieal As Peetsof Reasoning about Data[D]. Dordrecht:Kluwer Academic Publishers,1991.

[42] 王雨田. 控制论信息论系统科学与哲学[D]. 北京:中国人民大学出版社,1986.

[43] HORNER R. M. W. New Property of Numers-The Mean Value and its Application to Data Simplification [Z]. London:The Papers to the Royal Society,2004:1-12.

[44] 张文修. 粗糙集理论与方法[M]. 科学出版社,2001.

[45] 周丽萍,胡振锋. BP 神经网络在建筑工程估价中的应用[J]. 安建筑科技大学学报(自然科学版),2005,6(2):262-264.

[46] 交通部公路工程定额站. 公路工程工程量清单计量规则[M]. 湖南省交通厅,2005.

[47] AVRIM L,PAT L. Selection of Relevant Features and Examples in Machine Learning[J]. Artificial Intelligence,1997(97):245-271.

[48] SHAPIRA Y, GATH I. Feature Selector for Multiple Binary Classification Problems[J]. Pattern Recognition Letters,1999 (20):823-832.

[49] KWAKN, Choic. Improved Mutualinformation Feature Selector for Neural Networks in Supervised Learning[J]. Proce. of International Joint Conference on Neural Networks,1992(2):1313-1318.

[50] 高赟. 基于粗糙集的故障诊断和容错控制理论和方法研究[D]. 西安:西安科技大学,2005.

[51] 王国胤. Rough 集理论与知识获取[M]. 西安:西安交通大学出版社,2001.

[52] ZIARKOW. Variable Precision Rough Set Model[J]. Joumal of Computer System Science,1993,46(1):39-59.

[53] 陶志,许宝栋,汪定伟,李冉. 基于变精度粗糙集理论的粗糙规则挖掘算法[J]. 信息与控制,2004,3(1):18-22.

[54] GRIFFITHS B,BEYNON M J. ExPositing Stages of VPRS Analysis in an Expert Systems With Applications[J],2005 (29):879-888.

[55] BEYNON M J. Introduction and Elucidation of the Quality of Sagacity in the Extended Variable Precision Rough Set Model[J]. Electronic Notes in Theoretical Computer Science,2003,82(4):1-10.

[56] SUCT,HSU J H. Precision in the Variable Precision Rough Sets Model:An Application[J]. Omega,2006 (34):149-157.

[57] 潘郁,菅利荣,达庆利. 多标准决策表中发现概率规则的变精度粗糙集方法[J]. 中国管理科学,2005,13(1):95-100.

[58] 谢刚,张金隆. 基于 VPRS 的软件项目投标风险规避群决策研究[J]. 中国管理科学,2006,14(2):71-76.

[59] 菅利荣,刘思峰. 杂合 VPRS 与 PNN 的知识发现方法[J]. 情报学报,2005,24(4):426-432.

[60] 刘妍琼,钟波. 变精度粗糙集模型中参数范围的确定[J]. 湖南理工学院学报(自然科学版),2008,21(1):11-13.

[61] 余辉,李耕俭. 建设工程投资估算手册[M]. 北京:中国建筑工业出版社,1999.

[62] 于守法. 投资项目可行性研究方法与案例应用手册[M]. 北京:地震出版社,2002.

[63] 胡发宗. 因素分析法在工程造价确定与控制中的应用[J]. 铁路工程造价管理,2003(3):30-32.

[64] 刘芳,黄忠. 固定资产投资估算国内外比较分析[J]. 基建优化,2003,24(8):25-29.

[65] 温国锋. 建筑项目投资估算模型分析[J]. 中国煤炭学院院报,2003,45(3):19-22.

[66] 严玲,尹贻林. 公益性水利工程项目经济评价方法的述评[J]. 水利水电技术,2003(3):36-38.

[67] 杨大峰,钱锋. 粗糙集神经网络混和系统及其应用[J]. 通讯和计算机,2005(2):7-13.

[68] 张云涛,龚玲. 数据挖掘原理与技术[M]. 北京:电子工业出版社,2004.

[69] 程玉胜. Rosetta 实验系统在机器学习中的应用[J]. 安庆师范学院学报(自然科学版),2005,11(2):69-72.

[70] Zeng Huangli,Zeng Qian. The Neural Network Based on Rough Set Theory[J]. Journal of Sichuan College of Chemical Light,2000,13(1):1-5.

[71] 曾黄麟,曾谦. 基于粗集理论的神经网络[J]. 四川轻化工学院学报,2000,13(1):1-5.

[72] KENNEDY J,EBERHART R C. Particle Swarm Optimization. In:Proceedings

of IEEE International Conference on Neural Networks[C]. Piscataway, NJ, IEEE Service Center, 1995:1942-1948.

[73] 郑健华,张利荣. 挣值分析在项目管理中的应用[J]. 人民长江,2006,37(6):78 -79.

[74] 罗新星,苗维华.挣值法的理论基础和实践应用[J]. 中南大学学报,2003,9(3): 369-372.

[75] 杨培. 挣值法在成本集成及进度控制绩效评价[J]. 审计论坛,2007(1):2-4.

[76] 陈敏,李泽军,黎昂. 基于混沌理论的城市用电量预测研究[J]. 电力系统保护与控制,2009,37(16):41-45.

[77] 吕金虎,陆君安,陈士华. 混沌时间序列分析及其应用[M]. 武汉:武汉大学出版社,2002.

[78] 黄润生,黄浩. 混沌及其应用[M]. 第2版. 武汉:武汉大学出版社,2005.

[79] 杨绍普,申永军. 滞后非线性系统的分岔与奇异性[M]. 北京:科学出版社,2003.

[80] 玉梅,曲士茹,温凯歌.基于混沌和 RBF 神经网络的短时交通流量预测[J].西北工业大学学报,2007,25(11):4-8.

[81] 王学武,王冬青,陈程,等.基于混沌 RBF 神经网络的气化炉温度软测量系统[J]. 华东理工大学学报,1994,24(1):6-11.

[82] 宫赤坤,闫雪. 基于 RBF 神经网络的预测控制[J]. 上海理工大学学报,2005,27 (5):2-3.

[83] 肖本贤,王晓伟. 基于改进 PSO 算法的过热汽温神经网络预测控制[J]. 控制理论与应用,2008,25(3):569-573.